书由四川省科技厅科普作品创作（2020JDKP0046）项目资助

走进兔世界

ZOUJIN TU SHIJIE

王 杰　赖松家　主编

中国农业出版社
农村读物出版社
北 京

图书在版编目（CIP）数据

走进兔世界 / 王杰，赖松家主编 . —北京 ：中国
农业出版社，2023.4
ISBN 978-7-109-30626-4

Ⅰ. ①走⋯　Ⅱ. ①王⋯ ②赖⋯　Ⅲ. ①兔－饲养管理
Ⅳ. ①S829.1

中国国家版本馆 CIP 数据核字（2023）第 081426 号

中国农业出版社出版

地址：北京市朝阳区麦子店街 18 号楼
邮编：100125
责任编辑：刘　伟　尹　杭
版式设计：杨　婧　责任校对：刘丽香
印刷：北京中科印刷有限公司
版次：2023 年 4 月第 1 版
印次：2023 年 4 月北京第 1 次印刷
发行：新华书店北京发行所
开本：700mm×1000mm　1/16
印张：8.5
字数：200 千字
定价：68.00 元

作者简介

王杰，女，1976年12月生。副教授，硕士研究生导师，四川省畜禽资源委员会专家委员。主要从事兔和牛的遗传育种教学、生产和科研工作。主要负责5项省部级科研课题，主持完成和在研四川省"十二五"和"十三五"畜禽育种攻关项目"天府黑兔新品种选育配套技术研究与示范"。参与出版专著《兔标准化规模养殖图册》。目前已获得发明专利2项，实用新型专利30余项。参与鉴定四川省科技成果2项，荣获省级科学技术进步奖二等奖2项，在重要学术刊物上发表论文30余篇。

赖松家，男，1965 年 11 月生。教授，博士研究生导师。国家兔产业技术体系岗位科学家。主要从事兔和牛的遗传育种教学、生产和科研工作。获四川省学术和技术带头人、四川省有突出贡献的优秀专家等省级荣誉称号 3 项。四川农业大学动物遗传育种研究所副所长。先后承担国家和省级重大科技项目 40 项，获省部级科技和教学成果奖 10 项，国内外发表论文 230 余篇，出版著作 13 部，获授权发明专利 2 项。培育出天府黑兔、荣经长毛兔 2 个兔新品系。代表性项目有"家兔低纤维日粮性肠炎发生过程中宿主与肠道菌群应答调控的分子机制""天府黑兔新品种选育与综合配套技术研究""荣经长毛兔选育及配套技术研究应用""肉兔高效饲养技术研究与示范"等，以上项目成果都达到国内领先水平。

编者名单

主 编：王 杰 赖松家

编 者（按姓氏笔画排序）：

王 杰 四川农业大学

任战军 西北农林科技大学

吴信生 扬州大学

张 明 四川农业大学

陈仕毅 四川农业大学

贾先波 四川农业大学

高安崇 吉林大学

赖丽民 成都农业科技职业学院

赖松家 四川农业大学

序言

　　兔年伊始，得知《走进兔世界》一书出版在即，我感到十分欣喜。一则欣喜于编者们对畜牧科学普及图书创作的重视，二则欣喜于该书的出版将有助于扩大养兔业在国民日常生活中的影响。养兔业是我国畜牧业的重要组成部分，也是乡村振兴的主导产业之一，在人们的生产生活中有着重要地位。本书的出版很好地切合了当前形势发展的需要。

　　本书内容广泛，值得仔细阅读。其中既有儿童、青少年感兴趣的诸多与兔有关的话题，如兔子是怎么生长的、有什么用途等，也有对科研和生产中获得的新知识和新技术的介绍，可以为兔业从业者提供新的发展思路。更为重要的是，本书突出强调了兔用途的多样化和兔产品的丰富性。兔肉被营养学家称为功能性食品，它不仅可以为人体提供丰富的营养，还可以对人体健康发挥重要作用。希望阅读此书的人们能够注意到兔肉的特别之处，从而激发大家的兔肉消费热情，进而促进我国肉兔产业的快速发展。本书还特别在每章末尾设计了非常有意思的"你知道吗?"这样的问答部分，概括了兔的一些不为人知的生物学特点和生产特点，更会增加人们对家兔的了解和喜爱。

　　《走进兔世界》在选题上富有特色，有针对性地选取科学问题、兴趣问题和发展问题进行介绍；在内容策划上推陈出新，提高了本书的趣味性；在图书展示形式上进行了创新，增加读者的参与感。本书采用先进的增强现实（augmented reality，AR）技术，创新图书内容的表达方式，充分体现图书的互动性和立体性；同时，本书采用生动活泼的风趣语言，深入浅出地表达科学问题，有效避免一本正经的说教式科普，从而让青少年和普通大众读者在阅读中体会科普的魅力，也锻炼读者的逻辑思维能力，潜移默化地提高科学素养，这也是科普图书编纂的目的。相信《走进兔世界》一定会得到良好反响。

中国农业大学教授
国家兔产业技术体系首席科学家

前言

　　为深入贯彻习近平新时代中国特色社会主义思想和党的二十大精神，全面落实《全民科学素质行动规划纲要（2021—2035年）》，本项目组特地将长期工作在家兔领域教学、生产和科研方面的成员组织成科普创作团队，以期创作出适应21世纪国家发展战略的科普图书。笔者将家兔知识的科学性与文化因素相结合，把严谨的科学理论用生动形象的语言描述出来。在内容上，笔者们更注重经典性和作品的生命力，更好地提炼家兔知识的科学方法和文化因素，用大众能接受的语言和图片展示出来，既有利于科学知识的传播，同时还提高了图书的可读性和"精神性"。

　　本书由12章组成。兔的起源与兔文化章节介绍重点为世界家兔起源及中国的兔文化。兔的种类章节介绍重点为兔的分类方法以及国内外兔品种。兔的解剖形态章节介绍重点为兔主要的生理系统及其功能。兔的生物学特点章节介绍重点为兔的生活习性、繁殖习性等常见内容。兔的遗传章节介绍重点为各种类兔的遗传资源和育种知识。兔的繁衍章节介绍重点为兔的繁殖特点和提高兔繁殖力的技术措施。兔的营养章节介绍重点为兔的饲料种类以及饲料原料选择的注意事项。兔的饲养管理技术章节介绍重点为国内外兔的养殖技术。兔舍建筑章节介绍重点为兔舍选址及主要建设要素组成。兔的产品章节介绍重点为兔生产中常见的产品。兔的保健章节介绍重点为兔的安全生产体系及主要疾病知识。家兔经营管理与国际贸易章节介绍重点为兔场经营管理要素和中国养兔业的国际贸易概况。

　　《走进兔世界》不仅仅反映世界家兔科学的研究进展和家兔技术

研究的新成果，还能响应国家素质教育和创新能力培养的要求，适应国际国内竞争的新形势和需求。在创新方面，采用 AR 技术与图书结合的形式，将 AR 技术的交互性、虚实结合等优势充分发挥出来，实现电子化。笔者们相信《走进兔世界》一书能帮助读者认识兔的大千世界，同时对于兔产业的发展也将起到积极的推进作用。

AR 操作说明

目录

第一章 兔的起源与兔文化

本章介绍了一种机警善跑且人文气息浓郁的动物——家兔，并介绍了家兔漫长却有趣的起源和驯化史。学者通过兔家谱分析和兔化石考古对家兔的起源追根溯源，出现了两种不同的说法：欧源说和亚源说。本章还介绍了"兔"字的发展以及兔文化和兔形象，使我们在了解兔起源时不仅学习了理论知识，也了解了相关的趣味文化，在趣味中看起源。在本章中可以了解到兔相关的民俗、文化信仰和有意思的兔故事，在趣味中学习大道理。

一、家兔的起源驯化史

1. 亚源说

我国早在距今3 200多年前的殷商时代，就已有兔的记录。多数学者认为，我国家兔起源地是黄河中下游的中原地带，从宫廷流传到民间之后，家兔的分布由北向南逐步扩大，到隋、唐时期已分布到川、滇等地。根据高耀亭（1973）报道，从汉代马王堆出土的皇室近亲随葬物来看，华南兔也在随葬品之中（图1-1）。赵燕林（2017）也讲述了湖南长沙马王堆汉墓出土的一幅显示古代神话的帛画（图1-2），其中也有兔的形象。

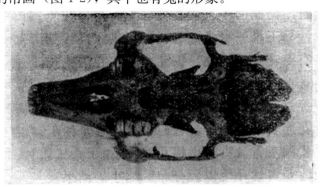

图1-1　华南兔头骨

图 1-2　湖南长沙马王堆出土的帛画局部

　　许平（1997）采用血清蛋白多态分析（图 1-3）发现：现代家兔有两个类群，其中一个类群与中国白兔和喜马拉雅兔的血缘关系和遗传距离较近，而另一个类群则与之关系较远。由此认为，这两个类群的家兔起源不同，家兔不是只有一个起源中心，而支持了"亚源说"多起源中心的观点。且中国有可能是中国白兔和喜马拉雅兔的起源地。

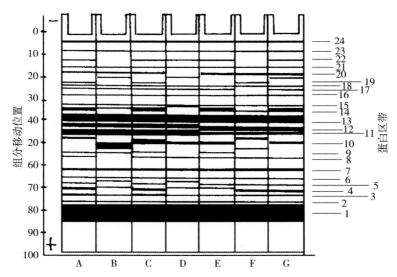

图 1-3　7 个品种家兔血清蛋白质电泳图谱

A. 比利时兔　B. 加利福尼亚兔　C. 德国巨兔　D. 青紫监兔

E. 新西兰兔　F. 日本大耳白兔　G. 长毛兔

2. 欧源说

欧洲穴兔喜欢打洞，它主要依靠入洞躲藏，而不是快速奔跑来躲避天敌。Irving-Pease 等（2018）报道了欧洲野生穴兔从野生到人工饲养，进而演变成家兔，经历了漫长的驯化过程，从中世纪欧洲兔的分布可以知道，中世纪欧洲兔被运输到很多地方。达尔文认为在 15 世纪初叶，航海船上供人食用的西班牙兔已经相当于家养化了。后来有动物学家经过考察证明，欧洲对家兔的驯化最早是 16 世纪的法国。但驯化历史与猪和鸡相比较，家兔是欧洲驯化最晚的家畜之一，而真正将其用于生产只有 500 多年的历史。

关于穴兔最古老的记载可以追溯到公元前 1100 年，腓尼基人向北非和南欧前进，到达西班牙半岛，意外发现了一种野生穴兔。从那之后，野生穴兔就逐渐散布于北非和南欧。公元前 2 世纪，希腊的一个史学家称这种善于挖洞穴的野生穴兔为"挖坑道的能手"。公元前 3 世纪到公元前 1 世纪，欧洲人开始驯化野生兔，公元 15 至 16 世纪，欧洲寺庙中的僧侣开始围栏驯养野生兔供食用。

二、兔化石考古

根据家兔的起源、形态、生活的地理位置等特征，其动物学分类为：动物界，脊索动物门，脊椎动物亚门，哺乳纲，兔形目，兔科，古兔亚科，穴兔属，穴兔种，家兔变种。现存的野兔分两大类：一类叫穴兔类（rabbits），在地面下挖掘彼此相连的洞道而穴居，产仔于洞中；另一类叫兔类（hares），终生在地面上生活，从不挖掘洞道（虽然有时利用其他兽类的弃洞做临时隐蔽洞）穴居。

兔形目是一种非常多产的哺乳动物，欧洲的兔科化石出现很晚，东欧发现了距今六七百万年的翼兔，随后又出现次兔、三裂齿兔、穴兔等。兔形目基本是在北方大陆生活的小动物。亚洲发现兔形目的年代最早，占据着兔形目起源、演化的关键地位。焦晨晖（2020）报道了内蒙古乌伦古中华鼠兔头骨化石（图 1-4）和晚渐新世中华鼠兔属头骨化石（图 1-5），且成为研究兔形类进化的重要证据。

Rober 等（2005）在 *Science* 杂志报道了蒙古戈壁发现的一具距今 5 500 万年前的兔祖先的化石，命名为钉齿兽，其骨骼与现存的兔子相似，且其颅骨与现在的兔、野兔和鼠兔有类似的特征，保留了原始的齿列和下颌（图 1-6）。钉齿兽与现代的兔类有着极为紧密的关系，也支持了现代胎盘类动物出现于恐龙灭绝之后的理论。

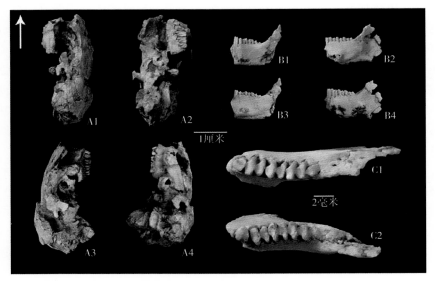

图 1-4　乌伦古中华鼠兔头骨

图 1-5　内蒙古三盛公地区首次发现晚渐新世中华鼠兔属头骨化石

《兔类的起源及中国兔目化石》一书报道了目前公认的我国最早的兔，是卢氏兔（其牙齿见图 1-7），标本发现于我国河南卢氏县。其他兔类最早的化石及相关的尚有争议的类群均发现在我国，所以亚洲大陆极有可能是兔形动物的起源地。我国不仅是最早、最原始的兔形动物的产地，也是兔化石相当丰富的国家，几乎各个地质时期的化石均有代表性发现。

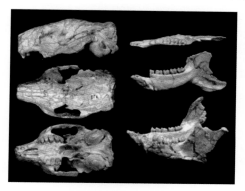

图1-6　钉齿兽颅骨

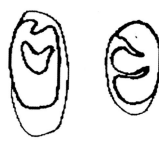

图1-7　河南卢氏兔齿示意图

三、浓郁的兔文化

自古以来，兔子在许多文化中都被认为具有神性。无论野兔还是家兔都被认为是极为多产的动物，因此常与文学、宗教、艺术等联系在一起，也出现在世界各地的神话传说中。时至今日，这种影响依然存在。

1. "兔"字的演化

袁勇（2017）报道了"兔"字从最初的甲骨文演变成现在楷书的过程（图1-8）。中国"兔"字最早期的图画象形文字是距今4 000～4 500年前龙山文化时期留下的骨刻文。甲骨文"兔"字就像一只侧立的兔子，有长耳朵和长脸，有小尾巴和短腿。现在楷书的"兔"字仍能看得出兔的形象："横"看"兔"字，像一只蹲着的兔，"正面"看"兔"字，又似在跑的兔；"兔"字下部的竖折勾是兔子的尾巴，尾巴上短短的一划，就是它不易被看到的脚。

图1-8　兔字的演变

2. 玉兔的形象

北京艺术博物馆的穆朝娜（2012）报道了不同朝代玉兔的形态（图1-9）。西周时期玉兔耳朵显得特别大，其向后伸展达身体长度的一半，且不贴于背部，颈部明显，臀部向上翘起，突出了兔子"蓄势待发"的状态，口部或前肢有钻孔。隋唐至宋代的玉兔主要为圆雕，一般显得沉稳安静。唐代有些玉兔上没有穿孔。宋代玉兔中最为著名的就是南宋史绳祖墓出土的玉兔了，以细密的短阴线刻出兔毛，写实感更强。纵观隋唐至宋代的玉兔，兔呈伏卧状，足、耳贴于身，或微外露一点。明代定陵孝靖皇后的棺内出土了一对金环镶宝石玉兔耳坠（图1-10），兔子直立，双耳上竖，以红宝石嵌饰双眼，两前爪抱杵作捣药状，下有臼，兔身上以细密阴线刻出毛发。

图1-9　不同朝代的玉兔形态
A. 西周　B. 隋代　C. 唐代　D. 宋代

3. 宗教中的兔文化

蔡国声（2011）报道了内蒙古自治区赤峰红山出土了一个距今5 000多年的玉人骑兔件（图1-11），疑是当时部落图腾，是用于祭祀、沟通天地的吉祥物。赵燕林（2017）报道了莫高窟壁画的"三兔藻井"（图1-12）图案。藻井寓意"以水克火"，藻井中的兔子便是中国古代的月中兔。古人认为北斗的斗柄三星即为玉衡之精，而玉衡又是兔子的象征，加之数字"三"在中国古代有无限之意，所以藻井中出现了三兔形象。这一图案代表的是朴素的自然崇拜和佛教信仰观念，更是寄寓了洞窟功德主们朴素的多子多福与生生不息思想。

图 1-10　明代出土的玉兔耳坠

图 1-11　玉人骑兔件

4. 艺术品中的兔文化

徐姗妮（2017）在论文中指出，玉兔为明月之灵，象征着吉祥如意，中国历代文人墨客更是对其情有独钟。北宋花鸟名家崔白的《双喜图》中的兔蹲坐于地上，抬头回首张望（图 1-13），一条前腿已抬起，仿若又要准备奔跑。仔细看兔后背的毛根根可数。明代画家张路的《苍鹰攫兔图》（图 1-14），清代画家沈铨的《雪中游兔图》则都是具有写生特色的优秀作品。清代冷枚的《梧桐双兔图》（图 1-15）中绘梧桐二株，石缝中斜出一株桂花，野菊满地，柔草

图 1-12　三兔藻井

图 1-13　《双喜图》中的野兔

丛中，两只白兔相戏，双兔造型准确，形象生动逼真，皮毛光洁而富于质感，是较早受西画影响的中国画作品。

图 1-14　《苍鹰攫兔图》

图 1-15　《梧桐双兔图》

5. 民俗传说中的兔文化

"嫦娥奔月"的神话代代流传，就源自古人对星辰的崇拜。刘惠萍（2008）报道了"玉兔捣药"（图 1-16）的故事，表达了人们对长生不老的追求和对神仙世界的信仰。汉乐府《董逃行》中记载："玉兔长跪捣药蛤蟆丸，奉上陛下一玉盘，服此药可得神仙。"傅玄在《拟天问》中提出"月中何有，玉兔捣药"。诗仙李白也在《拟古十二首之九》中有"月兔空捣药，扶桑已成薪"的描写。

图 1-16　玉兔捣药

每年的农历正月初一，古代汉族有"挂兔头"以镇邪禳灾的风俗。中秋节时，北京、河北等地有传统玩具"兔儿爷"，竖着两只大耳朵，脸贴金泥，彩绘的身体上披着盔甲。陕南有的地方，会在出嫁的女儿生孩子前，母亲或者其他娘家人要给未出生的孩子做兔儿帽、鞋、枕头等，这些都预示着吉祥。晋南的有些地方，母亲为即将出嫁的女儿做兔形的馍，供女儿在洞房里食用。

四、你知道吗？

1. 兔子真的爱吃胡萝卜吗？

当然不是，兔子更喜欢吃草类。兔子有发达的盲肠，非常适合消化草类，日粮纤维不够的话，还容易得肠炎。所以，兔子并不像我们认为的那样偏食胡萝卜。

2. 并不是所有的兔子体形都很小！

并不是所有的兔子体形都很小，原产于意大利的巨型花明兔体形就十分庞大，耳长最少有 14.6 厘米，体长最少有 50 厘米，最重可达到 13 千克，这是体形最大的兔子。幸运的是这些"巨兔"性格温顺，已逐渐成为人们喜欢的宠物。

第二章 兔的种类

目前世界上人工饲养的兔品种有 60 多种，每个品种均具典型的外貌特色，深受养殖者的喜欢。有典型红眼睛和白兔毛的新西兰兔、具有"上帝馈赠"黑色眼睛的弗朗德巨兔、被称为"熊猫兔"的德国花巨兔、身披长厚"大衣"的安哥拉兔、色彩斑斓的裘皮兔——獭兔、素有"药膳兔"之称的福建黄兔、张家口具有三色系的塞北兔———耳朵直立和一耳朵下垂，当然还有可爱萌萌的宠物兔。这些品种体形大小不同，外貌不同，生产性能不一，使得我们的生活也丰富多彩。

品种是经过人类长期有目的的选择和培育，而被培育成的各具特色的家养动物类型。同一品种的兔，在外貌体形、生理机能以及对自然条件的适应性方面都很相似。兔的主要品种如下。

一、肉用兔品种

1. 白色兔——新西兰兔

近代最著名的肉用品种之一，是美国研究者在 20 世纪初用弗朗德巨兔、美国白兔和安哥拉兔等杂交选育而成（图 2-1）。其最大的特点是早期生长发育快。该兔适应性和抗病性强，性情温顺。

图 2-1　新西兰白兔

2. "八点黑"　——加利福尼亚兔

该兔原产于美国加利福尼亚州，又称加州兔，由喜马拉雅兔、青紫蓝兔和新西兰白兔杂交选育而成（图2-2）。加利福尼亚兔具有白色被毛，鼻端、两耳、四肢下端和尾呈黑色，称为"八点黑"。又因其母性好，被誉为"保姆兔"。

图2-2　加利福尼亚兔

3. 马头兔——比利时兔

由比利时贝韦伦地区的野生穴兔改良选育形成，最初为观赏品种，后由英国育种家选育成大型肉用兔品种。该兔外貌酷似野兔，被毛色深而带黄褐或深褐色，后躯离地面较高，被誉为兔族中的"竞走马"，头似"马头"，眼为黑色（图2-3）。

4. 黑色的眼睛——弗朗德巨兔

比较奇特的是弗朗德巨兔眼睛是黑色的。该兔起源于比利时北部弗朗德一带，是最早、最著名、体形最大的肉用型品种。弗朗德巨兔生长速度快，产肉性能好，肉质优良（图2-4）。

图2-3　比利时兔

图2-4　弗朗德巨兔

5. "兔中巨无霸"——德国花巨兔

德国花巨兔，亦称巨型兔，由德国研究者育成。花巨兔有黑色和蓝色两种色型，引入我国的主要是黑色花巨兔（图2-5）。被毛底色为白色，双耳、口鼻部、眼圈周围为黑色，体躯两侧有若干对称、大小不等的蝶状黑斑，故又称"蝶斑兔"。

图 2-5　德国花巨兔

6. 双耳下垂——公羊兔

公羊兔是一个大型肉用品种。因其头型类似公羊，故称公羊兔（图 2-6）。其主要特点是耳大而下垂，两耳尖之间的直线距离可达 60 厘米，耳最长者可达 70 厘米，耳宽 20 厘米。性情温顺，反应迟钝，不喜活动。

7. 肉兔配套系

（1）齐卡（ZIKA）肉兔配套系

齐卡肉兔专门化配套系由德国齐卡家兔基础

图 2-6　公羊兔

育种兔公司于 20 世纪 80 年代初选育而成，是当今世界上最著名的肉兔配套系之一。我国在 1986 年由四川省畜牧科学研究院首次引进该配套系（图 2-7）。齐卡肉兔配套系由齐卡巨型白兔（G 系）、齐卡大型新西兰白兔（N 系）和齐卡白兔（Z 系）三个品系组成。产肉性能良好。

齐卡肉兔配套系（G系）　　　齐卡肉兔配套系（N系）　　　齐卡肉兔配套系（Z系）

图 2-7　齐卡肉兔配套系

（2）伊拉（HYLA）肉兔配套系

伊拉肉兔配套系是法国欧洲兔业公司用九个原始品种经不同杂交组合和选

育试验，于 20 世纪 70 年代末选育而成的（图 2-8）。该配套系具有遗传性能稳定、饲料转化率高、抗病力强、产仔率高和肉质细嫩的特点。

图 2-8　伊拉肉兔配套系

（3）伊普吕（Hyplus）肉兔配套系

该配套系由法国克里莫公司经过 20 多年精心培育而成（图 2-9）。伊普吕配套系是多品系杂交配套模式，共有 8 个专门化品系。我国山东省菏泽市颐中集团科技养殖基地于 1998 年 9 月从法国克里莫公司引入 4 个系的祖代兔 2 000 只，分别是作父系的巨型系、标准系和黑眼睛系，以及作母系的标准系。

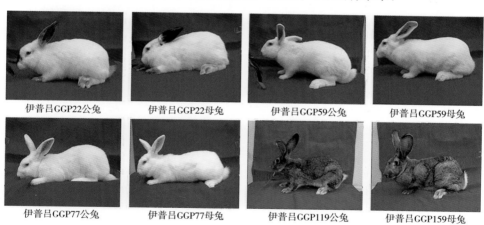

伊普吕GGP22公兔　　伊普吕GGP22母兔　　伊普吕GGP59公兔　　伊普吕GGP59母兔

伊普吕GGP77公兔　　伊普吕GGP77母兔　　伊普吕GGP119公兔　　伊普吕GGP159母兔

图 2-9　伊普吕肉兔配套系

二、毛用兔品种

安哥拉兔是世界上最著名的毛用兔品种，也是已知最古老的品种之一，全身被毛白色，毛绒密而长，俗称长毛兔。18 世纪中叶以后，各国根据自己的自然和社会经济条件，采用不同的饲养方式，培育出了品质特性各异的若干品种类群。

1. 国外培育的主要毛用兔品种

（1）德系安哥拉兔

德系安哥拉兔又称西德长毛兔，是目前饲养最普遍、产毛量最高的一个品种系群（图2-10）。全身被毛白色、眼睛红色、头较方圆或略尖削呈长方形。

（2）法系安哥拉兔

法系安哥拉兔选育历史较长，是世界上著名的粗毛型长毛兔（图2-11）。外貌

图 2-10　德系安哥拉兔

特征为全身被毛白色，耳、额、颊毛少，耳尖无长毛或有一小撮短毛，耳背密生短毛，脚毛较少，俗称"光板"。

图 2-11　法系安哥拉兔

（3）日系安哥拉兔

日系安哥拉兔体形比德系和法系安哥拉兔均小，耳长中等、直立（图2-12）。四肢强壮，胸部和背部发育良好，全身被覆洁白浓密的绒毛，粗毛含量较少、不易缠结。

2. 国内培育的主要毛用兔品种（系）

（1）浙系长毛兔

浙系长毛兔系采用多品种杂交选育，

图 2-12　日系安哥拉兔

并经种群选择、继代选育、群选群育、系统培育等技术，结合良种兔人工授精配种繁殖等措施，经 4 个世代选育，形成拥有嵊州系、镇海系、平阳系 3 个品系的浙系长毛兔新品种，并于 2010 年 7 月通过国家畜禽遗传资源委员会的品种审定（图2-13）。

（2）皖系长毛兔

皖系长毛兔是由安徽省农业科学院畜牧兽医研究所、安徽省固镇县种兔

图 2-13　浙系长毛兔

场、颍上县庆宝良种兔场等单位，以德系安哥拉兔、新西兰白兔为育种材料，经杂交选育而成，属中型粗毛型长毛兔（图 2-14）。

图 2-14　皖系长毛兔

（3）苏系长毛兔

苏系长毛兔是由江苏省农业科学院畜牧研究所和江苏省畜牧总站选育而成，属粗毛型长毛兔（图 2-15）。2010 年 5 月该品系通过国家畜禽遗传资源委员会审定。

图 2-15　苏系长毛兔

三、皮用兔品种

力克斯兔（rex rabbit），我国俗称獭兔，亦称海狸力克斯兔和天鹅绒兔，是著名的皮用兔种。由法国普通兔中出现的突变种培育而成。獭兔皮在兔毛皮中是最有价值的类型。

常见的獭兔品种如下。

1. 美系獭兔

我国从美国多次引进美系獭兔（图 2-16）。该兔头小嘴尖，眼大而圆，耳中等长、直立，颈部稍长，肉髯明显，胸部较窄，腹部发达，背腰略呈弓形，臀部较发达，肌肉丰满。共有 14 种毛色，如白色、黑色、蓝色、咖啡色、加利福尼亚色等，其中以白色为主。

2. 德系獭兔

1997 年北京万山公司从德国引进德系獭兔（图 2-16）。该兔体形大，头大嘴圆，耳厚而大，被毛丰厚、平整、弹性好。全身结构匀称，四肢粗壮有力。

3. 法系獭兔

1998 年山东省荣成市玉兔牧业公司从法国引进法系獭兔（图 2-16）。毛色以白色、黑色和蓝色为主。体尺较长，胸宽深，背宽平，四肢粗壮。

美系獭兔　　　　　　　　　德系獭兔　　　　　　　　　法系獭兔

图 2-16　引进獭兔品种

4. 川白獭兔

四川省草原科学研究院于 2015 年育成的川白獭兔，是繁殖性能强、毛皮品质好、早期生长快、遗传性能稳定的新品系（图 2-17）。体格匀称、结实，肌肉丰满，臀部发达。

5. 吉戎兔

吉戎兔是我国培育的第一个中型皮用型品种，由原中国人民解放军军需大学（现吉林大学农学部）与吉林省四平市种兔场以哈尔滨白兔、日本大耳白兔

图 2-17　川白獭兔

和加利福尼亚兔杂交选育而成（图 2-18）。其中，Ⅰ系兔颌下肉髯明显，体毛为白色，在双耳、鼻端、四肢末端及尾部呈黑色。

吉戎兔Ⅰ系侧面　　　　　　　　　　　吉戎兔Ⅰ系正面

吉戎兔Ⅱ系侧面　　　　　　　　　　　吉戎兔Ⅱ系正面

图 2-18　吉戎兔

四、兼用兔品种

1. 福建黄兔

福建黄兔为小型肉皮兼用型地方品种，因毛色特别、肉质优良、素有"药膳兔"之称而出名（图 2-19）。福建黄兔原产于福建省福州地区各个市县，经长期自繁自养和选择后形成独特的地方家兔品种。

图 2-19　福建黄兔

2. 四川白兔

　　四川白兔是小型肉皮兼用型地方品种，俗称菜兔（图 2-20）。原产于成都平原和四川盆地中部丘陵地区的成都、德阳、泸州、内江、乐山、自贡和江津等地。四川白兔是由中国白兔进入四川后，经过长期风土驯化及产区群众自繁自养和选择所形成的地方家兔品种。

图 2-20　四川白兔

3. 万载兔

　　万载兔是小型肉皮兼用型地方品种。原产于江西省万载地区。万载兔按毛色和体形可分为两大类：体形小的称为"火兔"，又名"月月兔"，毛色以黑色为主（图 2-21）；体形大的称为"木兔"，又名"四季兔"，毛色为麻色。该兔具有耐粗饲、抗病力强、胎产仔数多，对我国南方亚热带温湿气候适应性强等优良特性。

图 2-21　万载兔

4. 云南花兔

云南花兔是小型肉皮兼用型地方品种，又称曲靖兔（图 2-22）。原产于云南省曲靖市、楚雄彝族自治州、普洱市、大理白族自治州所属各县。云南花兔体躯小而紧凑。被毛白色兔的眼球为红色，有色兔的眼球为蓝色或黑色。

云南花兔公兔　　　　　　　　云南花兔母兔

云南花兔黑白兔　　　　　　　云南花兔褐白兔

图 2-22　云南花兔

5. 九嶷山兔

九嶷山兔属小型肉皮兼用型地方品种，原名宁远兔，当地俗称为山兔（图 2-23）。九嶷山兔主产于湖南省宁远县的禾亭镇、仁和镇、九嶷山瑶族乡、鲤溪镇、太平镇、中和镇等地。

九嶷山兔公兔（白色）　　　　　九嶷山兔公兔（灰色）

九嶷山兔母兔（白色）　　　　九嶷山兔母兔（灰色）

图 2-23　九嶷山兔

6. 闽西南黑兔

闽西南黑兔属小型肉皮兼用型地方品种，原名福建黑兔，在闽西地区俗称上杭乌兔或通贤乌兔，在闽南俗称德化黑兔（图 2-24）。2010 年 7 月通过国家畜禽遗传资源委员会鉴定，命名为闽西南黑兔。

图 2-24　闽西南黑兔

7. 豫丰黄兔

豫丰黄兔属中型肉皮兼用型品种，由河南省清丰县科学技术委员会、河南省农业科学院畜牧兽医研究所、清丰县畜牧开发总公司等单位以虎皮黄兔（后定名为太行山兔）与比利时兔杂交选育而成（图 2-25）。

图 2-25　豫丰黄兔

8. 丹麦白兔

丹麦白兔是著名的皮肉兼用型品种，原产于丹麦。该兔被毛纯白、柔软紧密，眼红色，头清秀，耳较小、宽厚而直立，口鼻端钝圆，额宽而隆起，颈粗短，背腰宽平，臀部丰满，体形匀称，肌肉发达，四肢较细（图2-26）。母兔颌下有肉髯。

9. 哈尔滨大白兔

简称哈白兔，是一个大型肉皮兼用品种（图2-27）。由中国农业科学院哈尔滨兽医研究所用哈尔滨当地白兔和上海当地白兔做母本，以比利时兔、德国花巨兔、加利福尼亚兔和日本大耳兔为亲本，杂交选育而成，1986年5月通过全国家兔育种委员会的鉴定。

图 2-26　丹麦白兔

图 2-27　哈尔滨大白兔

五、实验用兔品种

日本大耳白兔（图2-28），又称日本白兔、大白兔。原产于日本，是以中国白兔和日本兔杂交选育而成的皮肉兼用兔。因其耳大、血管清晰易采血而被广泛用作实验兔。

图 2-28　日本大耳白兔（实验级）

六、观赏用兔品种

宠物兔就是一种具有观赏性的兔。目前世界上宠物兔类群超过 150 个，不同品种的宠物兔有不同外貌以及特色。就像不同品种的犬也有不同的特征及模样，宠物兔有体形巨大的也有小巧迷你的，有长毛的也有短毛的，还有毛像缎子般柔顺的，更有许多不同的毛色及不同的眼睛颜色、耳朵长短特征不同、头形体态各不相同的品种。

1. 喜马拉雅兔

其毛色在夏天为纯白色，随着温度的降低在冬天尾巴、足、耳和鼻子部位毛色会变成黑色（图 2-29）。

图 2-29　喜马拉雅兔

2. 长毛垂耳兔

长毛垂耳兔的性格很文静、比较胆小，喜欢在人发现不了的时候偷偷进食，有 19 种毛色，选择性比较多（图 2-30）。

图 2-30　长毛垂耳兔

3. 狮子兔

同样也是小型兔，它们的外形很有观赏性，特别是在颈部的四周有长长的毛发，V 字形的样子很有特点（图 2-31）。

图 2-31　狮子兔

4. 道奇兔

毛色多样，为小型兔，有着头大身体小的特征，它们温和友善，精力旺盛，能和主人一起玩耍（图 2-32）。

图 2-32　道奇兔

5. 海棠兔

海棠兔也叫作熊猫兔，因为有着一双黑黑的眼睛而得名，有大型和小型两种，大型的体重可达到 11 千克，所以一般都是将小型的作为宠物来饲养（图 2-33）。

图 2-33　海棠兔

6. 猫猫兔

猫猫兔是该品种演变为宠物兔后的一个俗称，专业名称是安哥拉兔，经过人工选育挑选毛色、长度、大小合适的作为宠物兔（图 2-34）。

图 2-34 猫猫兔

七、你知道吗?

1. 会变色的喜马拉雅兔

喜马拉雅兔周身白色，但耳朵、鼻子、尾巴和脚爪的毛是黑色的。有趣的是环境温度高于 33℃时，这些黑色毛会变浅，甚至全变为白色，这是因为它们的毛色基因编码的酪氨酸酶控制着黑色素的生成。

2. 兔子的尾巴短?

当兔子活动、逃跑时尾巴会卷曲，看上去比较短。但当兔子身体放松时，尾巴往往会伸直，就能看出长度了。兔子尾巴最短的只有 3 厘米，最长的创造了吉尼斯世界纪录，有 17 厘米。一般兔子尾巴长度为 5～6 厘米（图 2-35）。

图 2-35 兔子的尾巴

第三章　兔的解剖形态

兔子总是"健步如飞"，这取决于它灵活的骨骼和流线型的身躯。兔子的脊柱弯曲呈弓形，为各种器官提供了充足的空间。四肢骨长、分节，形成了敏捷的运动系统。"麻雀虽小，五脏俱全"，虽然大部分兔子的外形都很娇小，但它们体内的生物学活动也很复杂，包括呼吸、消化、新陈代谢、泌尿、生殖等各类生理系统的生物学活动。兔子既有和其他种类动物相似的各种生命活动，也有区别于其他动物的各种生命活动，就让我们一起通过本章内容了解一下。

一、外形和运动系统

兔子的外形是两侧对称的，将兔子的内部骨骼作为参考点，兔子的体表可以分为头部、躯干部、四肢这三个部分（图 3-1）。兔子之所以跑得快，是因为它有发达的运动系统，主要包括骨、骨连接、骨骼肌三部分（图 3-2）。兔子飞快的速度就和它轻盈的骨骼、流线型的身躯大大相关。而和运动系统相关的主要部分就是躯干骨和四肢骨。躯干骨构成了兔子的大致外形，四肢骨则是决定它跑动速度的最重要因素。当然，各个骨元件之间需要一个神秘的"介质"相连，这就是骨连接。它是骨与骨之间的纤维结缔组织、软骨等，可以使兔的整个身躯更加灵活。在骨的外围包裹的肌肉就是骨骼肌，它们分布于骨四周和体壁，和骨一起共同构成了兔的大致外形。

图 3-1　兔的外貌

二、消化系统

兔虽然是食草动物，但兔属于哺乳纲单胃动物，和人的消化道有很多相似的地方。例如，食物经口腔进入胃，之后进入肠道进一步消化，而剩余的未吸

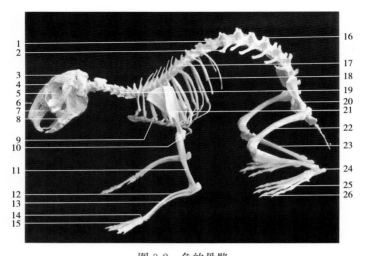

图 3-2　兔的骨骼

（王太一，韩子玉，2000. 实验动物解剖图谱）

1. 腰椎　2. 横突　3. 顶骨　4. 颌骨　5. 泪骨　6. 鼻骨　7. 上颌骨　8. 下颌骨　9. 胸骨
10. 剑突　11. 肱骨　12. 桡骨　13. 尺骨　14. 腕骨　15. 掌骨　16. 棘突　17. 胸椎　18. 肋骨
19. 颈椎　20. 髂骨　21. 肩胛骨　22. 股骨　23. 胫骨　24. 跟骨　25. 跖骨　26. 趾骨

收物质则在大肠内形成粪便并排出体外。其中最重要的部分当属胃、小肠、大肠等器官（图 3-3）。

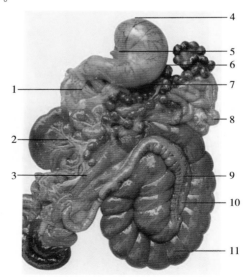

图 3-3　兔的消化道

（王太一，韩子玉，2000. 实验动物解剖图谱）

1. 胰　2. 肠系膜　3. 蚓突　4. 胃底　5. 贲门
6. 胃大弯　7. 脾　8. 空肠　9. 结肠　10. 回肠　11. 盲肠

三、呼吸系统

兔从鼻腔吸入的新鲜空气经过气管最后在肺内完成气体交换（图 3-4），血液将氧气运送到全身，体内产生的二氧化碳也最终通过肺排出体外。其间，辅助呼吸的胸腔和胸膜腔则提供了呼吸过程中所需的压力。

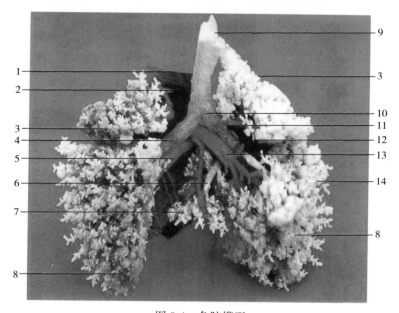

图 3-4　兔肺模型

（王太一，韩子玉，2000. 实验动物解剖图谱）

1. 主动脉　2. 肺动脉　3. 肺尖叶　4. 左主支气管　5. 左肺静脉　6. 中间叶支气管
7. 肺中间叶　8. 肺隔叶　9. 气管　10. 右主支气管　11. 右肺尖叶支气管
12. 右肺心隔叶支气管　13. 右肺静脉　14. 肺心叶

四、泌尿系统

兔的泌尿系统由肾、输尿管、膀胱和尿道组成（图 3-5）。新陈代谢过程中产生的水分进入肾后，经过肾小球的滤过作用和肾小管的重吸收作用形成终尿，进入输尿管，之后进入膀胱。膀胱有短暂的储尿作用，达到一定容量后，通过尿道，母兔由阴门、公兔经过尿生殖道阴茎部由尿生殖道外口把尿液排出体外。

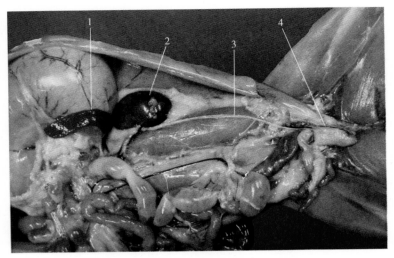

图 3-5　兔的泌尿系统
(李健等，2015. 兔解剖组织彩色图谱)
1. 脾　2. 肾　3. 输尿管　4. 膀胱

五、生殖系统

公兔的生殖系统（图 3-6）主要由睾丸、附睾、输精管、尿生殖道、副性腺、阴茎、阴囊、精索和包皮组成。睾丸是产生精子和分泌雄性激素的器官。附睾位于睾丸背侧，分附睾头、体、尾三部分，附睾内的管为附睾管。附睾尾末端连接输精管。输精管为输送精子的管道，起于附睾尾，止于尿生殖道骨盆部。尿生殖道是精液和尿液排出的共同通道。阴茎为公兔的交配器官，呈圆柱状，前端游离部稍有弯曲。图 3-7 展示了成年公兔的阴囊。

母兔生殖系统（图 3-6）主要由卵巢、输卵管、子宫、阴道、尿生殖前庭和阴门组成。卵巢是产生卵子和雌性激素的器官，左右各一，呈卵圆形、淡红色。输卵管为输送卵子和受精的管道，通过输卵管系膜悬挂于腰下部。兔是双子宫动物，两侧子宫通过子宫阔韧带悬挂于腰下部，后端以两个子宫颈口开口于阴道前部。阴道位于骨盆腔内，背侧为直肠，腹侧是膀胱。兔阴道较长，前接子宫颈，可以看到有两个子宫颈口，子宫颈阴道部周围的凹陷为阴道穹隆。图 3-8 展示了母兔的外阴。

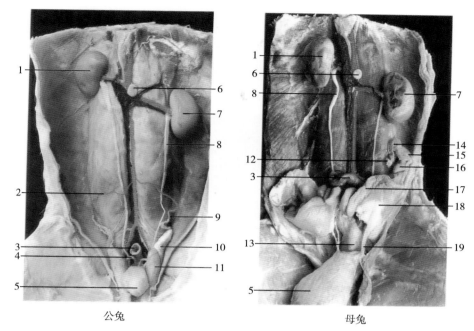

公兔　　　　　　　　　　　　母兔

图 3-6　兔的泌尿和生殖器官

（王太一，韩子玉，实验动物解剖图谱）

1. 右肾　2. 生殖动脉　3. 直肠　4. 输精管　5. 膀胱　6. 肾上腺　7. 左肾
8. 输尿管　9. 精索　10. 附睾　11. 睾丸　12. 输卵管伞　13. 阴道
14. 输卵管　15. 输卵管系膜　16. 卵巢　17. 子宫　18. 子宫系膜　19. 子宫圆韧带

图 3-7　公兔阴囊

图 3-8　母兔外阴

六、心血管系统

兔的心血管系统由心脏、血管（动脉、毛细血管、静脉）组成，是封闭的管道系统。兔的心脏（图 3-9）呈卵圆形，如前宽后尖的小圆锥体，为一个中空的肌质性器官。兔的心跳频率为每分钟 180～250 次，心脏在血液循环的过程中发挥了巨大的作用。心脏的血管有左、右冠状动脉，心大静脉，心中静脉，心小静脉，毛细血管，在血液循环的不同阶段它们各自发挥自己的作用。心脏内部也有强大的神经传导系统，调节心肌细胞的兴奋状态。

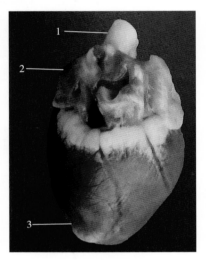

图 3-9　兔的心脏

（李健等，2015. 兔解剖组织彩色图谱）

1. 主动脉　2. 左心房　3. 左心室

七、免疫系统

兔有很强大的抵抗病毒、细菌入侵的屏障，这个屏障就是免疫系统，免疫系统包括免疫器官、免疫细胞、淋巴组织。它们各自发挥自己的力量为兔抵抗病菌打造了坚实的屏障。

兔的体内有很多的免疫器官，例如胸腺（图 3-10）。胸腺位于心脏腹侧前部，胸前口处，呈粉红色。幼兔胸腺发达，兔的胸腺随着年龄的增长而逐渐变小。胸腺是 T 淋巴细胞的发源地，对其他淋巴器官的生长发育和免疫功能的建立起着重要作用。胸腺对建立机体的免疫功能有重要的作用，它可以生成大量的淋巴细胞，分泌胸腺激素，促进 T 淋巴细胞的生成，进一步促进 B 淋巴细胞的生成并产生抗体，起到免疫监督的作用等。此外还有骨髓、外周淋巴器官（如脾，见图 3-11）共同构建免疫系统。兔体内的淋巴组织分布很广，存在形式多种多样，包括弥散性淋巴组织、淋巴孤结、淋巴集结等。它们和免疫器官共同抵抗外来细菌、病毒的入侵。

图 3-10　兔的胸腺
（李健等，2015. 兔解剖组织彩色图谱）
1. 肺　2. 后腔静脉　3. 胸腺　4. 心

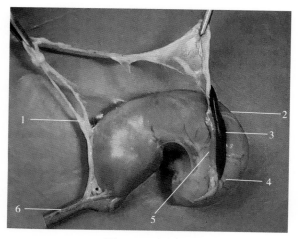

图 3-11　兔的脾
（李健等，2015. 兔解剖组织彩色图谱）
1. 网膜　2. 胃大弯　3. 脾　4. 胃　5. 胰腺　6. 十二指肠

八、神经系统

兔子是胆小的"小机灵鬼"，因为它有敏感的神经系统。家兔的神经系统由脑（图 3-12）、脊髓、神经和感觉器官组成。家兔因为有发达的大脑、遍布全身的神经及发达的四肢，所以能够灵敏地感知环境变化，并迅速做出相应的反应。它的脑和脊髓构成中枢神经系统，周围的神经聚集到中枢神经系统。如果受到外界的刺激如天敌的追捕，它敏感的神经系统就会调动全身能量来躲避天敌。

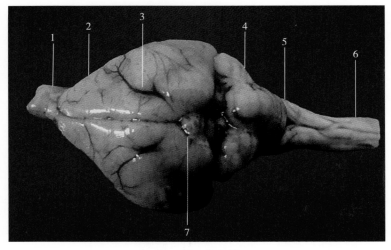

图 3-12　兔的脑

（李健等，2015. 兔解剖组织彩色图谱）

1. 嗅球　2. 大脑　3. 静脉　4. 小脑半球　5. 延髓　6. 脊髓　7. 松果体

九、内分泌系统

激素在影响和调节各种生命过程中发挥着巨大的作用，而调节这些激素分泌的就是内分泌系统，包括内分泌器官和内分泌组织，由它们分泌的活性化学物质称为激素，有调节兔体新陈代谢、生长发育、繁殖活动等作用。内分泌器官包括垂体、甲状腺（图 3-13）、甲状旁腺、肾上腺（图 3-14）和松果体等。

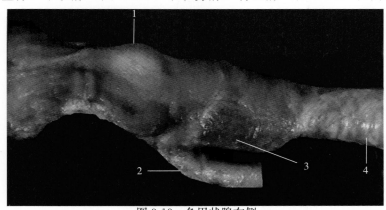

图 3-13　兔甲状腺右侧

（李健等，2015. 兔解剖组织彩色图谱）

1. 喉　2. 食管　3. 甲状腺　4. 气管

甲状腺、甲状旁腺、肾上腺等可在垂体分泌的促激素的作用下分别分泌甲状腺激素、甲状旁腺素、肾上腺素等，这些激素通过不同的方式调节体内不同的生理活动。

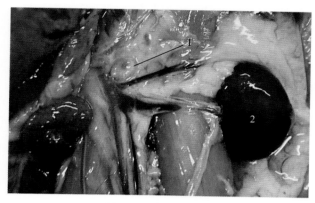

图 3-14　兔的肾上腺
（李健等，2015. 兔解剖组织彩色图谱）
1. 肾上腺　2. 肾

十、你知道吗？

1. 守株待兔是真实存在的

兔眼球大，位于面部上方，中间由隆起的鼻梁隔开，因此兔两眼重叠视野区仅为 10°～35°，基本属于单眼动物，不能准确判定距离，没有立体感，且鼻端下方有一个两眼都看不到的盲区。所以，兔在快速逃跑的过程中就有可能撞到前面的木桩。

2. 兔吃自己的软粪

兔的粪便有两种：一种是大家经常见到的硬粪，呈圆形、表面干燥粗糙，颜色一般为深褐色；一种是软粪，量少、质地软，呈念珠状，颜色一般为灰白色。正常情况下，家兔排出软粪时会自然弓腰用嘴到肛门处直接将其吃掉，稍加咀嚼便吞咽。软粪中仍含有较多的营养，食粪对于兔子来说具有十分重要的生理意义，强制禁止还会引起兔子患病哦。

第四章　兔的生物学特点

兔子是典型的"夜猫子"，喜欢白天休息、夜晚活动。兔耳朵长又大，能转动并竖立收集各方的声音，敏锐地判断环境中的危险。兔子还是"狗鼻子"，嗅觉很灵敏，却是"熊瞎子"，视觉差。兔子都有"洁癖"，喜欢清洁、干燥的居住环境。兔子性情温顺，但温柔的外表下却是酷酷的"独行侠"般的内心。为了躲避天敌，它还是挖洞小能手呢，听说过"狡兔三窟"吧。本章节将带领大家了解兔子的生物学特点。

一、生活习性

1. 昼伏夜动

兔体形小，防御天敌的能力不强，出于自我保护，兔白天隐匿于洞穴之中，常常是闭目静卧或昏睡的状态（图 4-1），此时兔的能量消耗会降到最低，并对除听觉刺激外的其他感官刺激不敏感，特别像犯懒的"瞌睡虫"。夜晚才外出活动觅食，如频繁在笼子中活动，甚至跳跃，加大进食频率（图 4-2），又被称为"夜猫子"。因此，饲养员在白天除了保障正常投料、饮水、清粪等工作外，会尽量保持兔舍及周边环境安静，避免打扰家兔的睡眠，而夜间应保证充足投料，以达到使兔更好地生长发育的目的。

图 4-1　白天时兔静卧

图 4-2　夜间活跃

2. 挖洞

兔具有打挖洞穴，并在洞穴中活动繁衍的本能行为，成语"狡兔三窟"中的"窟"字，就是指兔子的洞穴。地下洞穴温度波动幅度较小且昏暗安静，在自然条件下为妊娠母兔提供了相对安全的产仔环境。据观察，家兔一旦脱离笼养环境，接触土地，经一段时间适应之后，就会挖掘洞穴，妊娠母兔表现得尤为明显。

3. 兔喜欢干燥的环境

兔喜欢在干燥清洁的环境中生活，厌恶潮湿污秽的环境。潮湿的环境利于各种寄生虫和病原微生物的滋生和繁衍，容易诱发家兔寄生虫病和皮肤病，如脚皮炎（图 4-3）、真菌性皮肤病（图 4-4）、球虫病等。高湿度还会影响兔舍内空气质量，使家兔的体温调节和新陈代谢产生紊乱，并引发呼吸系统疾病，如传染性鼻炎（图 4-5）等，从而影响家兔的健康，降低兔产品质量。因此选择干燥清洁的环境饲养兔子更有利于其保持健康。

图 4-3　脚皮炎

图 4-4　真菌性皮肤病

4. 独居性

性成熟后的家兔特别是公兔喜欢独居，与其他公兔一见面就会相互撕咬殴斗，直到一方认输，咬斗才停止。在自然界中，通过这种咬斗，胜利一方能够获得更多的交配权，健壮公兔有着较高的概率繁衍出健康的后代。母兔之间也会偶尔发生咬斗。因此，青年兔、成年兔一般都要单笼饲养。仔兔或刚断奶的幼兔独居性还不强，甚至表现出一定的群居性，以便于较为弱小的幼兔和仔兔之间相互"助威壮胆"和抱团取暖（图 4-6）。

5. 怕热不怕冷

兔的皮毛浓密而厚实（图 4-7），汗腺不发达，耐寒怕热。家兔可以承受 0℃ 以下的气温，北极兔甚至能在最低温度达 −50℃ 的北极生存。而在 25～30℃ 甚至以上的高温环境下，家兔会严重感到不适，产生热应激，免疫力下降，心率加快，呼吸频率降低。若不及时加以控制，很容易诱发中暑和兔瘟等

图 4-5　传染性鼻炎

图 4-6　小兔子们抱团取暖

疾病，甚至导致家兔死亡。

6. 兔子也要磨牙

兔子的门牙是恒齿（图 4-8），出生后就不断生长，非外力作用下不会自动脱落换牙。因此不论是野兔还是家兔，都喜欢啃食硬物，不断磨短它们的门齿，从而保持其合适的长度。部分养殖户会在笼内放置磨牙棒，可以预防兔子啃咬笼具（图 4-9），降低笼具的破损率。

图 4-7　浓密而厚实的皮毛

图 4-8　门牙

7. 嗅觉发达，视觉不发达

家兔嗅觉灵敏，母兔可凭嗅觉来判断仔兔，对非亲生仔兔常拒绝哺乳，甚至会将其咬死。家兔还会通过敏感的嗅觉判断饲料的优劣。生产中常看见将饲料添加到食槽中后，家兔先用鼻子闻（图 4-10），然后决定是否采食。由于兔子的眼睛长在脸的两侧，因此它的视力范围很广，但对于近距离的东西看得不太清楚。

图 4-9　兔在啃咬兔笼

图 4-10　兔在闻饲料

8. 兔很挑食

兔虽然是草食性动物，但相较于豆科、直叶脉植物，更喜欢吃禾本科、十字花科、菊科等多汁多叶性植物，对于不同的植物有着不同的喜食程度。在植株部位的选择上，喜欢吃幼嫩的部分，不喜欢吃粗劣的茎秆；喜欢采食幼苗期植物，而不喜欢采食枯黄期植物。对于配合饲料：家兔更喜欢吃植物性饲料，不喜欢吃鱼粉、肉、骨粉等动物性饲料；喜欢吃颗粒料，不喜欢吃粉料。

二、繁殖特点

1. 刺激性排卵

兔的卵泡虽然在卵巢之内已发育成熟，但并不排出，只有经过公兔爬跨交配刺激（图 4-11）之后才排卵。如果过了发情期母兔还尚未交配，卵泡将留在卵巢中，经过 10～16 天，会被自身所吸收。在现代家兔养殖技术中，兔的人工授精技术已被中大型养殖场广泛应用。主流的控制发情手段为两种：一是光控发情，二是激素控制发情。但是促排卵的方法通常只有一种，就是在实施输精之后，为母兔注射促黄体素释放激素，以确保卵泡的正常排出。

图 4-11　公兔爬跨母兔

2. 双子宫

有些动物本身有两个子宫，人们习惯将其称为双子宫或复子宫，兔子便为双子宫动物（图4-12）。两个子宫分别有自己的子宫颈，共同开口于阴道后部，并无子宫角和子宫体之分，两子宫之间由间膜隔开。独立双子宫的优势在于，当母兔一侧的卵巢、输卵管或子宫受到伤害或患有疾病时，对另一侧的生殖系统不会产生干扰，不影响其正常繁殖。

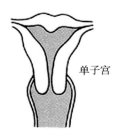

单子宫　　　　双子宫

图4-12　子宫

3. 繁殖力强

兔性成熟早，通常在出生之后3～4个月就可达到性成熟。此时公兔的睾丸和母兔的卵巢都基本发育完全，且能产生具有正常活力的精子和卵子、有爬跨等求偶行为。一个月后即可配种。兔的妊娠期较短，一般为28～32天，产后即可发情配种。家兔一次发情可排卵18～20个，是各种家畜中排卵数最多的。在集约化生产条件下，每只能繁母兔一年可产6～8窝，每窝活仔数为

图4-13　一窝刚出生的小兔子

8只左右（图4-13），即一只适龄繁殖母兔一年内平均可繁育50～60只商品兔。

三、生长发育特点

1. 胚胎期的兔在妊娠后期生长发育最快

在兔妊娠期的前20天，胚胎的绝对生长速度很慢，在妊娠期第16天时，胎儿重量约为1克，但在妊娠第30天时则达到了50克以上，说明在妊娠后期的10天内，胎儿生长很快，且不受性别影响。一般的兔胎儿数量越多，胎儿

个体重就越小。

2. 仔兔的生长

仔兔出生时体表无毛，眼睛闭合，耳朵闭塞无孔（图 4-14），前、后肢的趾间相互连在一起，器官组织尚未发育完全，无法自由活动。但在 3～4 日龄即开始长毛（图 4-15）；4～8 日龄脚趾开始分开（图 4-16）；6～8 日龄耳根内出现小孔与外界相通（图 4-17）；10～12 日龄眼睛睁开（图 4-18），出巢活动并随母兔试吃饲料。这段时间的仔兔对外界的适应能力不强且抗病能力差，所以病死率较高。

图 4-14　刚出生的仔兔

图 4-15　3～4 日龄仔兔

图 4-16　4～8 日龄仔兔

图 4-17　6～8 日龄仔兔

3. 断奶前后兔的生长特点

仔兔断奶前的生长速度主要取决于母兔的泌乳力和同窝仔兔的数量，母兔的泌乳力越强，仔兔生长越快。断奶后的幼兔也有一个生长高峰期，一般在8周龄时出现、在90日龄后生长速度开始降下来，所以市场上出售的商品兔多数是70～90日龄的兔。

四、换毛特点

图 4-18　10～12 日龄仔兔

被毛是哺乳动物特有的、由表皮角质化形成的、覆于身体表面的一种结构。兔毛有一定的生长周期，当兔毛生长到成熟末期，旧毛逐渐老化直至脱落，与此同时新毛慢慢长出顶替旧毛，这一过程叫作换毛。家兔的换毛主要有年龄性换毛、季节性换毛、病理性换毛和不定期换毛等几种类型。

1. 年龄性换毛

年龄性换毛是指家兔在体成熟之前经历的两次换毛。多数认为年龄性换毛一般有两次：第一次从家兔出生长出绒毛起到100日龄左右结束；第二次换毛大概在130日龄开始至190日龄结束。

2. 季节性换毛

成年兔子会在春、秋两季各换一次毛，这就是所谓的季节性换毛。完成两次年龄性换毛是幼兔的"成年礼"，之后便会随着季节的更替而再次换毛。在北方，兔子的春季换毛大概在3月初到4月底，秋季换毛在9月初到11月底，一般春季换毛持续的时间比秋季要短一些。

3. 病理性换毛

一般患有慢性消耗性疾病（如肺炎、脚皮炎、败血症）的兔会有病理性换毛。兔还会因营养不良而发生全身或局部脱毛（图4-19）。营养水平充足的饲料供应是保证家兔换毛正常进行的必要条件。家兔不同生长时期对于营养的需求不同，饲养者应根据具体需求设置饲料供应，不可千篇一律。所以在饲养生产上要多关注兔的毛发情况，及时找出原因，做到早治疗早治愈。

4. 不定期换毛

兔的不定期换毛是兔能在全年任何时候

图 4-19　局部脱毛

出现的换毛现象，不受季节和营养等因素的影响，主要因为兔的被毛有一定的生长期，一般为 6 周，6 周以后毛纤维就停止生长，并可能出现换毛的现象。其中也有可能混杂年龄性换毛和季节性换毛。

五、消化习性

1. 兔子的三瓣嘴

兔子在食物链中是很底端的动物，经常遭受各种猛兽的追捕和攻击，需要不停地奔跑。所以就需要进化出一种更便捷的采食方式。兔子就慢慢进化成三瓣嘴了（图 4-20）。吃东西的时候，嘴唇裂开，露出门牙，便于采食。

2. 发达的盲肠

兔子的盲肠位于小肠与大肠的交界处，一端闭合，故称为盲肠。兔子是草食动物，盲肠非常发达，长度为 50～60 厘米，约有和

图 4-20　兔子的三瓣嘴

兔体长一样的长度，容积可占到消化道总容积的一半，有数量较多的螺旋瓣。盲肠具有帮助消化食物、提高免疫力等功能。

三、你知道吗？

1. 兔子在孕期可以再次受孕

兔子发情不规律，一年四季都在发情，母兔的卵巢内经常有许多处于不同发育阶段的卵泡，即使母兔已经怀孕了，如果有公兔来爬跨，仍然可以再次受孕。所以，即便母兔已经怀孕，也要注意和未绝育的公兔分开饲养。

2. 兔子的身体语言

当兔用后腿大力踏地，即表示它很惊慌，觉得受到了威胁，处于惊觉状态。若它头向前、四肢向后、尾向后地整只蹬直，那表示它预备反击。兔子用后脚站起，即表示它正在用视觉及嗅觉探测周围的环境。宠物兔用鼻尖碰你即是想你跟它玩，舔你的手即表示喜欢你，用下巴擦向物件时，是一种兔子定下自己势力范围的方法。

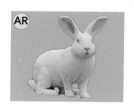

第五章　兔的遗传

　　"种瓜得瓜，种豆得豆"的奥秘就是"遗传密码"。亲代的基因在遗传时会有多种组合方式，进而使得后代之间的外貌形态等性状也不尽相同。家兔的遗传规律可以在家兔育种过程中体现，人们根据遗传规律采用不同的杂交育种的方法得到了更多的优良品种。家兔和野兔不能杂交，是因为它们有不同数量的染色体，这也在本章节中得以阐述。兔的遗传还有哪些奇妙之处呢，这里将为大家一一揭开。

一、遗传的基础知识

　　早期人工选育品种以表型特征和系谱记录为依据，从而培育出了肉兔、长毛兔、獭兔、实验兔和宠物兔等不同生产类型的品种。随着 DNA 等分子技术的研究不断深入，遗传研究步入了基因组学时代，大大缩短了育种年限，加快了育种进程，为培养生产性能更高、繁殖力更强以及抗逆性更强的品种提供了契机。

1. 遗传与进化

　　进化的本质是什么？早在 1809 年间，法国科学家拉马克在《动物哲学》一书中提出了生物进化过程中的"用进废退与获得性遗传"两个法则。1859 年，在英国博物学家达尔文撰写的《物种起源》一书中，明确提出"物竞天择，适者生存"的进化理论。生物的进化不断从低级到高级，从简单到复杂，种类由少到多地进化着、发展着。而人类也一直试图解开家兔的遗传和进化之谜（图 5-1）。

图 5-1　人类对兔子的思索永无止境

2. 遗传物质的发现

随着孟德尔定律（豌豆杂交实验）和基因连锁与互换规律（果蝇杂交实验）的发现，人们逐渐明白遗传物质是生物进化和人工选育的根源所在。1944年，生物学家埃弗里等人证实了与遗传相关的转化因子是脱氧核糖核酸（DNA），即遗传物质。1953年，美国分子遗传学家沃森和英国分子生物学家克里克提出了DNA分子结构——双螺旋模型，科学家们对兔的遗传物质也做了大量的研究。

3. 家兔和野兔在遗传上的差异

家兔和野兔在外形特征和身体结构上没有太大的差异，但在分类学上属于不同属。从染色体数来看：家兔的染色体共22对，44条（图5-2，引自NCBI数据库）；野兔为24对，48条。家兔缺失的这两对染色体可能是将野兔驯化成家兔过程中的关键遗传影响因子。为了探究缺失的两对染色体的作用，科学家对伊比利亚半岛和法国南部14个地区的野兔和6个不同品种的家兔进行了基因组测序。研究发现，两者之间的区别主要在基因组的非编码区域。而非编码区域的差异一般都会影响基因的调控。这从基因组学的角度揭示了家兔和野兔的差异。所以，家兔和野兔是不可以杂交的。

图 5-2　家兔染色体示意图

二、兔的遗传性状

兔的遗传性状可以分为质量性状和数量性状。质量性状主要就是我们可以用肉眼看到的性状，如毛色。而数量性状指个体间表现的差异只能用数量来区别的性状，如生长速度。

1. 质量性状

（1）被毛颜色

生活中常见的家兔毛色多数是白色、灰色和黑色。也有很多其他颜色，如黄色、青紫蓝色、褐色、奶油色、黑白花色、银白色和铁灰色等。

獭兔被毛的颜色类型十分丰富，美国獭兔协会承认14种毛色类型，图5-3为部分常见色型。

（2）被毛形态的遗传控制

安哥拉兔是一种长毛兔品种，它的被毛主要由绒毛构成，两型毛和枪毛很

海狸色獭兔　　　　　　　　　黑色獭兔

青紫蓝獭兔　　　　　　　　巧克力色獭兔

黄色獭兔　　　　　　　　　八点黑獭兔

宝石花色獭兔　　　　　　　　川白獭兔

图 5-3　不同颜色的獭兔

少，其绒毛长度可以达到 6 厘米以上（图 5-4）。它的被毛就是由以上常见肉用种类标准被毛突变后产生的类型，由 l 基因决定。常见的标准型被毛（L）对

图 5-4　安哥拉被毛（左）与标准型被毛（右）

安哥拉被毛（l）为显性，所以安哥拉兔与肉兔杂交产生的 F_1 代兔均为标准型被毛，而在 F_1 互交产生的 F_2 代中才分离出一部分安哥拉被毛的个体。

力克斯兔又称为獭兔，是短毛皮用兔品种。它的被毛由长 1.3～2.5 厘米的短绒和隐于其中的少量粗毛组成，被毛特别顺滑美观（图 5-5）。力克斯兔被毛由隐性基因 r 决定，相应显性等位基因 R 决定正常标准型被毛。獭兔毛色对普通兔而言是隐性遗传的，即獭兔与普通兔杂交时，F_1 代杂种全部出现普通兔毛色，F_2 代杂种才能分离出獭兔毛色，在 F_2 代杂种中普通兔毛与獭兔毛色比例为 3：1。决定力克斯兔被毛的共有 3 个隐性基因位点，分别被命名为 r_1、r_2、r_3，其中 r_1、r_2 连锁在同一染色体上，而 r_3 在另一染色体上。不同地区的力克斯兔可能有不同的毛型基因，例如 $r_1r_1R_3R_3$、$R_1R_1r_3r_3$ 均为力克斯兔，而它们之间的杂交后代（$R_1r_1R_3r_3$）可能出现标准型被毛。

"亮兔"是一种含有丝光毛类型的兔品种，与相应色型的獭兔相比，"亮兔"的毛色较深些（图 5-6），受隐性基因 sa 控制。丝光毛表皮层的鳞片结构不明显，表面非常光滑并具有丝绸一样的光泽，因而被称为丝光毛。丝光毛较细，长度在 2.5～3.2 厘米之间，可与具有其他毛色基因的兔杂交选育出若干种不同毛色的兔品种。

图 5-5　力克斯兔被毛（r）

图 5-6　丝光兔毛

2. 数量性状

数量性状大多与家兔的经济价值相关，这类性状的遗传机制比较复杂，通常用具有统计学意义的遗传参数反映其总体遗传特征，并受到群体样本大小、环境和估计方法的影响。

（1）繁殖性状

对于公兔来说，睾丸的直径和重量有中等偏高的遗传力（h^2 为 0.22～0.45），该性状往往与公兔的射精量、精液品质和配种能力有关。公兔精子活力、性欲和睾酮水平的遗传力较低（h^2 为 0.13～0.19）。母兔的繁殖性状多具有中低水平的遗传力，具有中水平遗传力的仅是依赖于母兔基因型的那些性状，如性成熟时间、妊娠期长短、产仔间隔等，遗传力一般在0.3左右。而诸如产仔数、受胎率、窝重等则是公母兔基因型与胚胎基因型相互作用的结果，遗传力一般较低，难以在较短时间内取得遗传进展（表5-1）。

表5-1　兔主要繁殖性状的遗传力

性状	均值	估值范围
总产仔数	0.16	0.05～0.54
产活仔数	0.14	0.03～0.63
初生个体重	0.15	0.10～0.48
初生窝重	0.20	0.04～0.37
21日龄窝重	0.18	0.01～0.31
断奶窝重	0.20	0.01～0.39
断奶成活率	0.25	0.14～0.59
乳头数	0.40	0.25～0.50

资料来源：杨正，1999；Kanno，2005。

（2）生长性状

兔子的生长速度具有中等偏高的遗传力，因此，料重比是人工选育兔工作中的常见指标。在大多数情况下，兔相邻周龄体重之间的遗传相关可以达到0.9左右，相隔2周龄体重之间的遗传力会低于0.9，随着间隔的延长，其相关程度会相应下降，但仍然可以达到0.6。因此，在最佳的发育时间点进行选育有助于兔的早期遗传改良（表5-2）。

表5-2　兔生长发育和胴体性状的遗传力

性状	遗传力（均值）	估值范围
断奶个体重	0.20	0.01～0.78
10周龄体重	0.26	0.18～0.62
13周龄体重	0.30	0.15～0.68
22周龄体重	0.36	0.19～0.77
22周龄体长	0.38	0.26～0.75
22周龄胸围	0.36	0.28～0.73
4～10周龄日增重	0.25	0.17～0.59
4～13周龄日增重	0.28	0.18～0.65
4～10周龄料重比	0.30	0.16～0.60
4～13周龄料重比	0.32	0.15～0.62

（续）

性状	遗传力（均值）	估值范围
13 周龄胴体重	0.40	0.30～0.70
13 周龄全净膛屠宰率	0.30	0.20～0.63

（3）毛皮性状

兔毛皮是制作保暖皮衣和毛衫的重要来源之一，早期的研究评估了兔子毛用性状的遗传力，如表 5-3 所示。毛兔的体尺、体重与其产毛性能具有中等以上的遗传相关性，如德系安哥拉兔年剪毛量与 6 月龄体重和体长的遗传相关系数分别为 0.48 和 0.68。我国培育的毛兔品种苏Ⅰ系、浙系和皖Ⅲ系 11 月龄粗毛型长毛兔的部分性状遗传力如下：粗毛率为 0.13～0.32，体重 0.43，窝产仔数为 0.16，泌乳力为 0.13，断奶仔兔数为 0.14，粗毛率与产毛量的遗传相关系数为 0.13。

表 5-3　兔产毛性能的遗传力

性状	遗传力（均值）	估值范围
年产毛量	0.50	0.30～0.60
第一次剪毛量	0.33	0.20～0.70
第二次剪毛量	0.35	0.15～0.64
第三次剪毛量	0.38	0.20～0.69
第四次剪毛量	0.44	0.26～0.75
产毛率	0.16	0.10～0.28
粗毛率	0.35	0.13～0.59
缠结毛率	0.30	0.18～0.60
被毛密度	0.41	0.22～0.73
被毛长度	0.35	0.19～0.65
毛纤维直径	0.42	0.18～0.76
料毛比	0.38	0.20～0.63

资料来源：杨正，1999；Rafat，2007。

三、兔的选育方向

1. 毛兔的选育

我国良种毛兔的年产毛量已达到 1.5 千克，优秀群体的产毛量可达 2.0 千克以上，产毛率为 30％左右。从体型上看，不少地区毛兔正在向大型化方向发展，成年兔体重已达 5 千克左右，如安哥拉兔（图 5-7）。

图 5-7　安哥拉兔

2. 肉兔的选育

肉兔的选育目标是提高早期增重速度，使其在育肥期日增重达到 35 克以上或 40 克以上；提高饲料转化率，使育肥期料重比在 3.0 以内；提高家兔繁殖能力和幼兔成活率，使每胎能够提供商品兔 8 只以上，每只繁殖母兔年提供商品兔 50 只以上。同时要求肉兔生产活力强、屠宰率高、后腿比例大、肉质好，如花巨兔（图 5-8）

3. 皮用兔的选育

皮用兔的选育向毛长适中、密平健齐、多种毛长的獭兔方向发展；皮张的质量和等级是皮兔选育的首要性状；其次要有较快的早期增重能力、好的饲料转化能力、较强的繁殖力和生活力，如白色獭兔（图 5-9）。

图 5-8　花巨兔

图 5-9　白色獭兔

4. 宠物兔的选育

观赏用兔主要选育具有体形娇小、外貌可爱、毛色奇特以及符合现代审美等特征的兔子。

四、兔育种方法

育种是一个对遗传物质的筛选和集结的过程。育种的目的就是获得并集结越来越多优秀的遗传物质。这里介绍两种兔的选育方法：本品种选育和杂交育种。

1. 本品种选育

也称为纯种选育，是同一品种内部选种选配的方法，即在同一品种内将相对同质的和来源相近的公、母兔，一代复一代地进行严格的选种选配，加强兔群的培育，不断提高该品种的生产性能并稳定地遗传给后代，产生相似的个体（图 5-10）。德系安哥拉兔就是采用本品种选育：它是世界上最好的毛兔品种，为了让其进一步提高生产性能，一般采用本品种选育。

图 5-10　兔选种的生产测量和记录

2. 配套系———一种复杂的杂交育种

配套系是指在专门化品系（含专门化父系和母系）培育基础上，以数组专门化品系（多为 3 个或 4 个系为一组）为亲本，通过严格设计的杂交组合试验（配合力测定）将其中的一个相对较好的杂交组合筛选出来作为最佳杂交模式，再以此模式进行杂交，获得配套系杂交的终产品——商品代，商品代畜禽往往表现出高而稳定的杂种优势。性能好而全面，又称"杂优畜禽"。图 5-11 展示了伊拉兔和艾哥肉兔配套系复杂的生产模式。

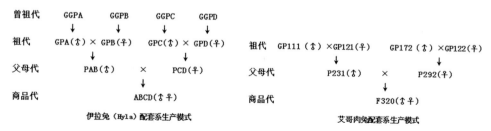

图 5-11　伊拉兔和艾哥肉兔配套系生产模式

五、你知道吗？

1. 兔的卵子很大

兔的卵子呈卵圆形，是目前所知道的哺乳动物中最大的，直径可达 160 微米（图 5-12），同时也是发育最快、卵裂阶段最容易在体外培养的哺乳动物的卵子。

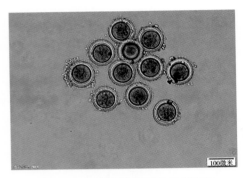

图 5-12　高倍显微镜下兔卵母细胞

2. 兔的眼睛也是多彩的

兔的眼睛有各种不同的颜色，如灰色、红色、天蓝色等。眼睛颜色是识别家兔品种的重要特点之一。兔眼睛颜色是由虹膜内色素细胞决定的。通常青紫蓝兔的眼睛是灰褐色的，维也纳兔的眼睛是暗天蓝色的，白兔是红眼睛，黑兔是黑眼睛。

第六章 兔的繁衍

　　兔在长期的自然选择中，不仅面临许多捕食者的"追杀"，还要应对变幻无常的自然环境。为了生存，更为了繁衍下一代，兔的繁殖力很强，一年四季都可发情，怀孕期平均只有一个月，每窝可以产仔 8 只左右，可谓是繁殖能力超强的物种了。对于家兔养殖者来说，学会观察母兔的发情，做到适时配种是提高兔繁殖力的基本技能，同时还要争取让母兔多怀、多产，让仔兔多活。充分利用兔强大的繁殖力是兔产业兴盛的重要基础。

一、概述

1. 初情期与发情

　　初情期是指母兔初次发情和排卵的时期，是性成熟的初级阶段，也是具有繁殖能力的最初阶段。对于公兔，初情期是指第一次能够释放出精子的时期。母兔性成熟后会出现性兴奋和性欲等一系列表现，称为发情。翻开母兔阴户部位，可以观察母兔的发情状况（图 6-1）：苍白色是未发情，发情期间逐渐变红，紫色暗示着发情逐渐消失。

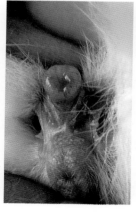
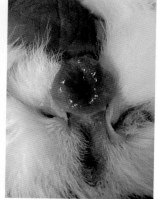

图 6-1　母兔阴户颜色

2. 性成熟

初生仔兔生长发育到一定阶段，在公兔睾丸和母兔卵巢中能分别产生有受精能力的精子和卵子，即性成熟。公兔的性成熟一般在 4～4.5 月龄，母兔一般在 3.5～4 月龄。一般性成熟以后一个月就可以配种了。一般而言，在公母兔性成熟后、在正常饲养条件下公母兔体重达到其成年体重的 70% 左右时，可进行初次配种。表 6-1 展示了不同生产类型家兔适宜的配种年龄和体重。

表 6-1　不同生产类型公母兔适配年龄和体重

品种	公兔		母兔	
	月龄	体重（千克）	月龄	体重（千克）
毛用兔	5～7	2.5～3.5	5.5～6.5	2.5～3.0
肉用兔	4.5～6	2.5～4.0	4.5～6	2.5～3.0
毛肉兼用兔	5.5～7	3.0～4.5	5.5～7	2.8～4.0

3. 发情鉴定

从上一次发情开始到下一次发情开始的时间间隔称为发情周期。母兔发情周期一般为 8～15 天，发情一般持续 3～5 天。母兔发情时，其日常行为会发生较大的变化，主要表现为精神不安、活跃，在笼内往返跑动，顿足刨地，食欲减退，常在笼具上摩擦下颚，俗称"闹圈"。性欲强的母兔会主动与公兔互动、爬跨，甚至爬跨其他母兔。同时，母兔外生殖器颜色也发生明显变化（图 6-1）：外阴部呈粉红或浅红色，为发情初期；可视黏膜呈现潮红色，并有水肿且分泌黏液较多，则为发情盛期；外阴部呈紫红或深红色时为发情后期。表 6-2 显示了家兔精子、卵子结合过程。

表 6-2　家兔精、卵子结合过程

项目	描述
排卵类型	诱导（刺激）
排卵时间	交配后 10～12 小时
受精时间	排卵后 1～2 小时
卵子保持受精能力时间	6 小时
卵子通过输卵管的时间	2～3 天
胚胎着床	受精后 7 天
精子获能	6 小时
射精量	0.5～1.5 毫升
精子密度	每毫升 2 亿个
精子可受精时间	30 小时
妊娠期	30～31 天
产后再配	如果产后不哺乳，可立刻配种；若哺乳则需 28～42 天

二、配种的方法

1. 自由交配

指公母兔混养（图 6-2），任凭公母兔自由交配的方法。这种配种方法能够提高母兔的受孕率，配种及时，还节省劳动力。但这种方法易导致公兔衰老过快，缩短利用年限，且易造成近亲繁殖，不利于科学地进行选种选配。

2. 人工辅助配种

指公母兔平时分群或分笼饲养，当母兔发情需配种时将其放入公兔笼内，配种结束后再放回原笼的方法，目前使用较为普遍。有时母兔不接受交配，则应将母兔送回其笼中，改日再配。也可用左手抓住母兔耳朵与颈部，右手深入母兔腹下，举起母兔的臀部，让公兔交配（图 6-3）。配种一般在喂食 2 小时后进行为宜。夏天在早晚进行，冬天在中午进行，春秋则适宜在上午进行。

图 6-2　公母兔一起混养

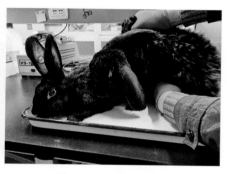
图 6-3　人工辅助交配

3. 兔的人工授精

指人工采集的精液经过品质检查、稀释等一系列操作后，将其输入母兔生殖道中使其受精怀孕的方法。一般在大型兔场适用（图 6-4）。按照人工授精

图 6-4　工作人员准备人工输精

的规范操作，可以使家兔的受胎率达到 80%～90% 及以上。

三、兔的妊娠

1. 妊娠期

受精卵在母体内逐渐发育成胎儿所呈现出的一系列复杂的生长发育过程为妊娠，完成这一发育过程所需要的时间就叫妊娠期。一般母兔的妊娠期平均为 30～31 天，变动范围为 29～34 天，不到 29 天为早产，超过 34 天为异常妊娠。妊娠期的长短因家兔的品种、年龄、个体营养状况和健康水平以及胎儿的数量与发育情况等不同而略有差异。

2. 妊娠检查

从配种后的第 8 天起，应注意观察母兔和检查妊娠情况。检查母兔是否妊娠的方法有：观察法、摸胎法、复配法、称重法等。

（1）观察法

母兔妊娠后会变得好静不好动，食欲明显增加，有时会有偏食现象。母兔毛有光泽，乳房明显增大，体重明显增加，尤其是腹部明显增大，都可能是妊娠的表现。

（2）摸胎法

在母兔交配一周后即开始摸胎，摸胎时工作人员左手抓其耳朵，将母兔固定在桌面上，兔头朝向术者胸部。右手呈"八"字形，自前向后轻轻沿腹壁后部两旁摸索（图 6-5）。若母兔腹部柔软如绵，则没有妊娠；如摸到像花生米一样大、能滑动的肉球，一般是妊娠的表现。妊娠超过 15 天的母兔，腹围增大，外观明显。

图 6-5　兔的人工摸胎

（3）复配法

母兔交配后一个星期左右，将其放入公兔笼，若母兔尾巴紧闭、拒绝交配，表明可能受孕，反之则没有受孕。复配法准确性较差且易导致母兔流产，一般不建议使用此方法。

（4）称重法

在母兔配种前先对母兔进行称重，配种约 12 天之后再次称重，若两次称重体重差在 150 克以上，则母兔可能妊娠。此方法对初配母兔不适用，成年经产母兔适用此法。

四、兔的分娩

1. 母兔产前表现

临产前 3～5 天，母兔乳房肿胀，并可挤出少量乳汁，腹部凹陷，尾根和坐骨间韧带松弛，外阴部肿胀充血，黏膜潮红湿润，食欲减退甚至绝食。产前 8 小时左右开始衔草并将胸、腹部毛用嘴拔下来筑窝（图 6-6）。初产母兔如不会衔草、拔毛营巢，管理人员可代为铺草、拔毛做窝，以启发母兔营巢做窝的本能。产前 1～2 小时衔草拔毛次数明显增加，母兔频繁出入产箱。

图 6-6　兔子拔胸毛

2. 母兔分娩过程

母兔产仔一般在凌晨 5 时至下午 1 时。母兔因腹痛加剧而蹲伏巢内，弓背努责，四肢刨地，精神不安并发出轻微叫声。一般在临产时，表现出子宫的收缩和阵痛、顿足、腹痛、排出胎水，母兔一边产仔一边将仔兔脐带咬断，并将胎衣吃掉，同时舔干仔兔身上的血迹和黏液；分娩结束，母兔会外出觅水。这里要注意及时满足母兔对水的需要，使其饮饱喝足，避免母兔因口渴一时找不到水喝，而跑回箱内吃掉仔兔。母兔分娩时间很短，一般只需 20～30 分钟。个别母兔产下一批仔兔后会间隔几小时甚至十多小时后，再进行第二次产仔。

3. 备好产箱

临分娩时应提前备好封闭式产箱（图 6-7），产箱要提前清理消毒，做到无杂物、无异味、无菌。用干净的干草、毛巾、棉花球等垫底做窝；对于拔毛不熟练的母兔可适当协助。母兔生产需要一个安静适宜的环境，光线和温度都需适宜。

4. 接产与护理

母兔分娩时应注意观察，帮助母兔顺利产仔。若有流血不止或难产现象，应由有经验的兽医助产。事先准备好淡盐水（可加上适量红糖或葡萄糖）及时给母兔补充水分。分娩结束后及时检查，清点仔兔数，称重，清除污物等（图6-8）；之后做好保温工作，帮助每只仔兔吃到适量的初乳，做好观察记录。

图 6-7　工作人员准备产仔箱

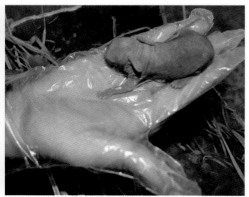

图 6-8　清理干净的仔兔

五、提高母兔繁殖力的常见措施

1. 争取多怀

多怀是提高兔繁殖力的三大环节中第一个基础环节。要做到多怀，应注意以下几点。

（1）选好公母兔

公母兔除健康无病外，公兔要睾丸发育良好（图6-9）、防止单睾，性欲旺盛，性格活跃，精液品质良好。母兔奶头要在8个以上，发情正常，母性及繁殖力强。

（2）配前及配种期的营养搭配

从配种前两周起至整个配种期，公母兔都应加喂富含蛋白质和维生素的饲料。尤其公兔，应在日粮中加喂少量高蛋白豆类，甚至加喂少量鸡蛋和牛羊奶。母兔在此时期尤其要保证富含维生素的青绿饲料的供应，或者补充一些维生素添加剂。

（3）配种时间

一年中最理想的配种时间是3—5月。

（4）合理配种

防止出现久不配种、过度配种和"母笼"配种。一般而言，将母兔捉入公兔笼内配种，可防止有的公兔在新的环境下性兴奋受抑制的情况出现，而且公兔接触母兔过多也易感染疾病。

2. 争取多产

母兔妊娠后，生产者的主要任务是要让胎儿能在母体内正常发育，防止出现死胎或流产。为此，应注意以下几点。

图 6-9　公兔的一对睾丸

（1）老龄不配

老龄兔生殖腺萎缩，生殖细胞衰弱，精子、卵子质量变差。

（2）近亲不配

近交可以导致死胎和畸形胎儿增加，产仔数减少和仔兔增重缓慢等。为了防止近交，一定要做好系谱记录。

（3）病兔不配

病兔体弱，性细胞品质也较差，不能保证胎儿正常发育。

（4）不喂霉烂及冰冻饲料

霉烂饲料毒性大（图 6-10），冰冻饲料刺激性大，这些饲料喂后往往会造成流产和死胎。

图 6-10　饲槽中饲料发生霉变

（5）防止管理粗暴和严重惊扰

家兔生性胆怯，管理粗暴和严重惊扰往往是流产和死胎的主要原因。此外，粗暴和错误地捉孕兔和检胎往往也是造成流产和死胎的原因。

（6）孕期要小心用药

孕期用药要慎重，可不用药的就不用，需用药时也要按规定剂量使用，大剂量用药对孕兔是有害的。

3. 争取多活

使仔兔健康发育是繁殖工作的最终目的。为此，应注意以下几点。

（1）做好保产工作

由于管理粗放，母兔往往在饲养者不知情的情况下突然产仔，造成仔兔被冻死、夹死、咬死（图 6-11）。

（2）做好保仔工作

仔兔幼兔之所以死亡率高，主要是死于兽害、"黄尿病"、球虫病和腹泻病。设法渡过这"四关"，仔兔和幼兔一般就能顺利成活（图 6-12）。

图 6-11　死亡仔兔

图 6-12　健康仔兔粉粉的肚皮

（3）合理哺乳和适时断乳

仔兔在 20 日龄前，主要以母乳为生，哺乳情况对其生长发育及断奶后的增重影响极大。

六、你知道吗?

1. 兔子拔胸毛筑巢是天性

母兔临产前几小时会在胸部和脚侧的位置拔毛，然后再把拔出来的毛用来建窝。这是兔子的天性，拔毛越多说明母兔母性越强，照顾兔宝宝的能力越强，仔兔的成活率越高。个别初产的母兔拔毛少，我们还要人工帮助它拔毛，促使它提高母性。

2. 兔子可以"血配"

母兔的繁殖能力超出你想象，不用坐月子，产完宝宝后就可以直接配种，而且受孕率非常高。这在生产上称作"血配"或频密繁殖。也可以在产后 7～14 天时配种，这叫半频密配种。在这两种配种模式下，母兔长期处于哺乳和怀孕两种状态，对于母兔体况消耗较大，应注意加强营养。

第七章　兔的营养

家兔在生长过程中，必须从饲料中摄取各种营养物质，将其转化为自身的营养，为兔的生长发育等生命活动提供能量。要使家兔健康成长，必须要知道家兔吃什么、吃多少。不同的饲料种类、来源，其营养价值不同，不同营养元素在兔生命活动中的作用也不同。在生产生活中我们要根据兔不同生理阶段的饲养要求、营养需要等，选择适宜的饲料，科学设计配方。

一、常见营养的种类

1. 能量

能量指饲料中的蛋白质、脂肪和碳水化合物等几种营养素在兔体内代谢过程中产生的能量。能量也可理解为是其他营养素的载体，能量代谢贯穿于兔的生命始终。但是，饲料中的营养物质并不能被家兔完全利用，未被消化的物质会以粪便的形式排出，其中也含有能量。此外，食糜在消化时会产生甲烷等气体，被吸收的养分中也有些不能被组织利用的部分而以尿液的形式排出，这些气体和尿液所含的能量也不能被兔子利用。所以，饲料中一部分物质被浪费掉了，也就是说并不是喂得越多，兔子就长得越好。

2. 蛋白质

蛋白质是一切生命活动的基础，也是家兔机体的重要组成成分，在家兔生长、繁殖等方面起着重要的作用。当蛋白质不足时，仔兔瘦弱、生长缓慢、死亡率高（图7-1）；成年公、母兔繁殖能力下降。当蛋白质水平过高时，不仅增加了饲料成本，造成浪费，还会引起肾脏损伤和肠道菌群紊乱。因此，蛋白质

图 7-1　死亡的瘦弱仔兔

水平在饲料中的含量一定要适量。成年兔用于维持正常生理活动的蛋白质需要量为 13%，泌乳母兔为 17.5%，青年兔为 16%～18%，种公兔为 18%。

3. 粗纤维

粗纤维是植物细胞壁的主要成分。它的重要作用是能够填充胃肠并刺激胃肠道蠕动，加快粪便排出。粗纤维不足会使家兔肠道蠕动缓慢，延长食物通过消化道的时间，导致未消化的食物异常发酵，从而出现肠道胀气、腹泻，甚至死亡。粗纤维含量过高，则会使家兔肠道蠕动过快，加快饲粮通过消化道的速度，影响营养物质的消化吸收，降低生产性能，造成不必要的饲料损失。

4. 矿物质

矿物质作为饲料中的无机营养物质，含量虽少却必不可少。例如：骨骼的主要成分是钙和磷；钠和氯对维持体液渗透压和酸碱平衡必不可少；钾元素在维持细胞渗透压和神经兴奋的传递过程中起着重要的作用；缺少铁会引起家兔贫血；锰是骨骼正常发育所必需的矿物质元素，能够参与骨组织基质中的硫酸软骨素形成；锌是家兔体内多种酶的成分（如红细胞中的碳酸酶、胰液中的羧肽酶等）；碘元素参与甲状腺素、三碘甲腺原氨酸的合成；硫元素对兔毛、兔皮生长具有

图 7-2　市场上常见的微量元素商用料

促进作用。在实际生产中，可以使用商品混合矿物质添加剂（图 7-2）。

5. 维生素

一般情况下，我们将维生素分为脂溶性维生素和水溶性维生素两大类。

（1）脂溶性维生素

脂溶性维生素是一类只溶于脂肪的维生素。主要脂溶性维生素如下。

维生素 A，又称为抗干眼病维生素，促进生长、繁殖，维持骨骼、上皮组织、视力和黏膜上皮正常分泌等多种生理功能。维生素 D 又称抗佝偻病维生素，主要功能是调节钙、磷代谢，有助于骨骼的生长。维生素 E 又称生育酚，主要作为抗氧化剂和生物催化剂，具有保护细胞膜的作用。维生素 K 与凝血有关，具有促进和调节肝脏合成凝血酶原的作用，保证血液正常凝固。

（2）水溶性维生素

水溶性维生素是一种只溶解于水的维生素，主要水溶性维生素如下。

B 族维生素包括维生素 B_1（硫胺素）、维生素 B_2（核黄素）、维生素 B_3

（泛酸）、烟酸、维生素 B$_6$（吡哆素，包括吡哆醇、吡哆醛、吡哆胺）、生物素、叶酸、维生素 B$_{12}$（钴胺素）和胆碱等，它们以辅酶或辅基的形式参与蛋白质和碳水化合物的代谢，对神经系统、消化系统、心血管系统的正常机能起着重要的作用。维生素 C 可以促进创伤愈合，促进氨基酸代谢，改善机体对铁、钙和叶酸的利用，改善脂肪代谢，预防心血管疾病，促进牙齿和骨骼的生长，增强机体的抗应激能力和免疫力。

6. 脂肪

脂肪是提供能量与沉积体脂的营养物质之一，它由甘油和脂肪酸组成。脂肪也是神经、肌肉、骨骼和血液的重要组成成分。其中，亚麻油酸、次亚麻油酸、花生油酸在兔的体内是不能合成的，必须由饲料供给，称为必需脂肪酸。必需脂肪酸是细胞膜的组成成分和激素的前体。当饲粮中缺乏脂肪时，家兔会表现出生长受阻、性成熟延迟、公兔睾丸发育不良、母兔受胎率降低，同时会出现皮肤干燥、掉毛、瞎眼等症状。

7. 水

俗话说"人可以几天不吃饭，但不能一天不喝水"，家兔也是一样的。家兔体内的水分约占体重的 70%。水参与兔体营养物质的消化吸收、运输和代谢产物的排出，对体温调节也至关重要。缺水会导致家兔食欲不振、精神萎靡（图 7-3）。

图 7-3　萎靡不振的兔

二、饲料种类

1. 能量类饲料

是指粗纤维含量在 18% 以下，粗蛋白含量在 20% 以下的饲料，是兔的主要能量来源，也可以说是兔的"主食"。主要包括谷实类和糠麸类，其特点是淀粉（主要是碳水化合物）含量丰富、适口性好、容易消化吸收。兔对这类食物的消化自口腔开始，当食物被牙齿研磨后与唾液中所含的淀粉酶、黏蛋白等混合后被吞咽而进入胃，胃液中不含任何水解碳水化合物的酶；食物的消化主要是在小肠中进行，碳水化合物在小肠中经过一系列消化酶的作用变成单糖后才能被细胞吸收；糖吸收的主要部位是在空肠；最后运送到全身各个器官。

　　（1）谷实

　　玉米（图 7-4）被称为能量之王，消化能含量很高，淀粉含量很高（72%），但粗蛋白含量只有 8%～9%。在饲粮中添加过量的玉米，可使进入家兔后肠的淀粉量增加，很容易使后肠碳水化合物负荷过重而引发肠炎和腹泻。

图 7-4　玉米

　　小麦（图 7-5）的消化能仅次于玉米，但粗蛋白含量稍高。使用时，一般将用量控制在 10%～30%。

　　稻谷（图 7-6）中淀粉含量非常高，适口性好，其特点与玉米相似。在南方稻谷较多的地方，可作为兔子的能量饲料。

图 7-5　小麦颗粒

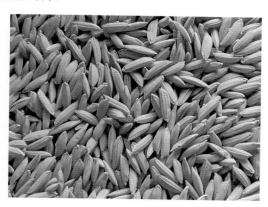

图 7-6　稻谷

燕麦（图7-7）的适口性好，粗纤维含量较高，B族维生素含量丰富，但胡萝卜素、维生素D、烟酸含量比其他麦类少。

高粱（图7-8）中含有较多的单宁，适口性和饲用价值低，饲料中高粱添加量一般控制在5%～10%（有预防腹泻和腹胀的作用）。

图7-7　燕麦

图7-8　高粱

（2）糠麸

糠麸类是谷实类加工的副产品，主要有以下几种。

麦麸（图7-9）包括大麦麸和小麦麸，其来源广，数量多，价格便宜，营养价值相对较高。麦麸质地蓬松，适口性好，可以弥补玉米饲粮中氨基酸的不足，并且麦麸中含有较多的纤维素及一定量的镁盐，有利于通便，是妊娠后期母兔和哺乳母兔的理想饲料原料。

米糠（图7-10）是稻谷的加工副产品，粗纤维含量低，饲用价值高，新鲜的米糠适口性好，应与其他青绿饲料和蛋白质饲料搭配饲喂。米糠在天热时容易变质，常经加工制成米糠饼后用作饲料。

图7-9　麦麸

图7-10　米糠

2. 蛋白质类饲料

蛋白质类饲料的粗蛋白含量高、粗纤维含量低，可消化养分含量高，一般是配合饲料的精料部分。主要包括植物性蛋白质饲料（图 7-11）和动物性蛋白质饲料（图 7-12）。

图 7-11　破碎的黄豆颗粒

图 7-12　鱼粉

（1）植物性蛋白质饲料

大豆饼（粕）的蛋白质含量和品质都很高，适口性好，是家兔最常用的优质蛋白质饲料。在家兔饲粮中的用量可控制在 10%～30%。菜籽饼（粕）有辛辣味，适口性较差，且含有有毒物质，不宜饲喂过多。未经脱毒的棉籽饼粕含有棉酚，棉酚可引起家兔心脏、肝、肺等组织的损伤和功能失调，影响公兔精子生成，使公兔繁殖性能下降。花生饼（粕）营养价值较高，代谢能和粗蛋白水平是饼粕中最好的。

（2）动物性蛋白质饲料

鱼粉中蛋白质含量高，氨基酸组成平衡，尤其是赖氨酸和蛋氨酸含量丰富，且含有大量的 B 族维生素和矿物质元素，对家兔的生长、繁殖均有良好的作用。肉粉和肉骨粉的粗蛋白含量分别为 50%～60% 和 35%～40%。因脂肪容易被氧化而腐败变质，使饲料中的维生素等营养成分被破坏，从而降低饲料品质，因此，在家兔饲粮中用量应不超过 5%。

3. 青绿饲料

家兔的青绿饲料包括豆科牧草、禾本科牧草、叶菜类等（图 7-13）。用于饲喂家兔的豆科牧草主要有苜蓿、三叶草、红豆草及紫云英等。禾本科牧草的粗蛋白含量较低，其能量结构比豆科牧草合理。常用于家兔的青绿饲料有甘蓝、白菜、油菜等，它们的消化率特别高。蔬菜中淀粉含量较高，喂量过高很容易导致家兔后肠碳水化合物负担过重，引起腹泻。所以，最好与颗粒饲料配合使用。其他可用作家兔青饲料的还有葵花叶、玉米叶、萝卜叶及绿豆藤等。

图 7-13   牧草

4. 粗饲料

粗饲料主要包括青干草（禾本科、豆科及其他科青干草）（图 7-14）和秸秆（稻草、豆秸秆、玉米秸秆等荚壳类）（图 7-15）两种。

图 7-14   青干草捆

在家兔饲料中麦秸比例以 5％左右为宜，一般不超过 10％。长期用秸秆饲喂家兔容易便秘。豆秸秆是我国北方地区家兔的重要饲料原料，但是豆秸晒制过程中稍经雨淋就极易被真菌感染，还要注意含土量不能太高。谷草是禾本科秸秆中较好的粗饲料，极易储存，卫生、营养价值较高，使用时应注意补充钙。单独作为粗饲料时，饲料颗粒化不佳，应与苜蓿、花生秧或花生壳一起使用。花生壳应用也很广泛，但也要防止发霉。

图 7-15　破碎的玉米秸

5. 矿物质类饲料

矿物质主要有食盐、骨粉、石粉和贝壳粉等（图 7-16）。兔的矿物质元素一般都可以从动植物饲料或饮水中得到满足。食盐是钠、氯的重要来源。石粉中含有碳酸钙，是补充钙最廉价、最便捷的原料。骨粉是常用的磷源饲料，但在使用时要注意其是否新鲜。贝壳粉是将各类贝壳粉碎后的产品，磷酸钙含量在 95% 以上，钙含量在 30% 以上，是良好的钙源。

图 7-16　矿物质粉

6. 其他常见饲料添加剂

在家兔饲粮中合理添加氨基酸添加剂，可补充饲料中氨基酸的不足、完善蛋白质营养、提高饲料报酬。微量元素添加剂主要补充饲料中某些元素的不足，满足兔子生理、生产需要。微量元素可以单一添加，也可以将多种必需微量元素混合在一起制成复合物质添加剂。维生素添加剂是补充饲料中天然维生素不足的一类合成维生素制剂。

三、饲料原料选择

1. 适口性好

所谓适口性好就是指"菜品"必须适合家兔的特性和口味。只有适口性好的"食谱"家兔才会喜欢、吃得多，这样家兔才长得好。实践表明，家兔喜欢略带甜味的食物（图7-17），如玉米、大麦等，不喜欢鱼粉、血粉和肉骨粉。

图 7-17　兔子在吃青草

2. 符合家兔的消化生理特点

在配制"食谱"时要考虑家兔消化道容积与饲粮体积之间的适合度。同时，"食谱"搭配应以"粗粮"为主，"精粮"为辅。

3. 多样化

饲料原料多样搭配，以达到营养互补、全价，从而满足家兔对各种营养物质的需要，提高日粮的营养价值和利用率。

4. 质量优良

家兔对真菌极为敏感，不得选用各种发霉变质的原料，以免引起中毒。

5. 颗粒饲料

家兔喜欢颗粒状的饲料。若颗粒料太长，家兔采食时，就会有一部分掉在地上造成浪费。饲料含粉率过高，会引起家兔呼吸系统的疾病，也会诱发螨类等病的发生。在颗粒饲料加工过程中，经常添加木质素、糖蜜、膨润土等，以提高颗粒饲料的适口性和硬度等（图7-18）。

6. 避开有毒植物、有毒原料

常见有毒植物：苍耳子、白头翁、乌头、狼毒、蓖麻（图7-19）、菖蒲、毒芹、龙葵、曼陀罗、天南星、山芍药、番泻叶、牛舌草、狗舌草等。

图 7-18　兔的颗粒饲料

图 7-19　蓖麻籽

常见有毒原料：胰蛋白酶抑制因子（豆科籽实中含量最高）、外源性凝聚素（菜豆中含量最高、大豆豌豆次之）、皂角苷（豆科牧草和菜籽饼中含量较高）、草酸盐［菠菜（图 7-20）、甜菜、苋菜中含量较高］、亚硝酸盐、甘薯黑斑病毒素、黄曲霉毒素等。

图 7-20　菠菜

四、常见饲料的初步处理方法

采集的青草必须干净清洁、不带泥水、未受到农药的污染，凡是带有泥水或者污染的青菜应洗净、晾干后利用。带有露水、雨水的青草应晾干，以免发热腐败。青草也不能蒸煮或烫洗。谷物原料应碾压成粉末或颗粒后使用。豆类原料及其产品中普遍带有抗胰蛋白酶和脲酶等因子，如生豆渣、生豆饼、黄豆等必须经过浸泡、蒸煮后才可以使用（图 7-21）。

青干草是新鲜青草经过晒制后的产品，一般将营养含量最佳的青草收割后进行晒制，当水分降低到 50% 左右时进行堆积干燥减少营养流失。品质好的青干草色泽青绿、草叶较多，香气持久（图 7-22）。

图 7-21　蒸煮中的黄豆

图 7-22　色泽青绿的干草

五、你知道吗？

1. 家兔是否吃饱全看饲料能量

家兔是为"能"而采食的，采食到足够的能量后，家兔就会停止采食。因此，饲料中能量与其他营养物质的比例非常重要。若能量不足时，个体会表现出消瘦、增重减慢，甚至危害家兔健康。若能量过高，则家兔易患消化道疾病肥胖等。因此，对于不同种类、不同生理状态的家兔应控制合理的能量水平，以保证家兔健康、提高生产性能。

2. 家兔不会呕吐

兔胃与食管相连的部位称为贲门，与十二指肠相连的部位称为幽门。在贲门与幽门开口处均有括约肌控制食物的通过速度。但贲门处还有一个较大的肌肉皱褶，可防止胃内容物倒流。因此，家兔不能嗳气和呕吐，家兔的消化道疾病较多。

第八章 兔的饲养管理技术

近年来，国内外养兔技术得到了快速发展，大大提高了家兔饲养的经济效益。在兔的饲养过程中：空怀兔饲养重点是身体健康，为配种和妊娠做准备；妊娠母兔的饲养重点是要保胎；哺乳母兔饲养的重点是奶水要多；仔兔的饲养重点是成活率要高；幼兔的饲养重点是减少腹泻、增重快；青年兔的饲养目的是生长快和出栏早；獭兔、毛兔和宠物兔还有着一些特殊的饲养管理技术。因此，本章将介绍在不同的季节、不同的地方、不同生理阶段的兔都有着怎样不同的饲养与管理特点。

一、公兔的饲养管理

公兔（图 8-1）在兔群中起主导作用，其优劣影响到整个兔群的质量。在生产上，必须精心培育公兔，使公兔品种纯正、发育良好、体质健壮、性欲旺盛、精液品质优良、配种能力强。

1. 饲料营养

饲料要营养全价，但公兔的饲料除了要注意营养全价外，还要注意营养稳定性。用于公兔的饲料营养价值要高、容易消化、适口性好，且不宜

图 8-1 天府黑兔成年公兔

饲喂体积大或水分过多的饲料，否则容易出现"大肚子兔子"，不利于配种。

2. 饲养环境

公兔适宜的环境温度为 15～25℃。夏季时应采取防暑措施，如设水帘、开窗（图 8-2），防止公兔精液质量下降，出现"夏季难育"现象，生产上尽量避免在夏季配种。冬季时应关好门窗，添置加温设施，提高兔舍温度。此

外，要保持公兔的笼舍清洁干燥，经常洗刷和消毒。

图 8-2　兔舍外观

二、母兔的饲养管理

母兔（图 8-3）是兔群的基础，养好母兔是提高繁殖成活率、增加生产效益的重要前提。母兔的饲养管理分为空怀、妊娠、哺乳 3 个阶段，分别应用不同的饲养管理技术。

1. 空怀母兔

空怀母兔是指仔兔断奶后到下一次妊娠前的母兔。其饲料应保证蛋白质、维生素和矿物质的均衡供给。空怀母兔过肥或过瘦都会影响母兔的发情、配种，应保持七八成膘的肥度。空怀母兔的管理还应做到兔舍内空气流通，兔笼、兔体要保持清洁卫生和有充足的阳光（图 8-4），以促进机体的新陈代谢，保持母兔的性功能正常。

图 8-3　天府黑兔成年母兔

图 8-4　清洁的兔舍

2. 妊娠母兔

妊娠母兔（图 8-5）是指母兔从配种受胎到产仔的这段时期，一般为 30 天左右。母兔妊娠后，除了要维持自身的生命活动外，还要维持子宫的增长、胎儿的生长发育和乳腺的生长等，需要消耗大量的营养。

怀孕母兔在妊娠期应给予富含蛋白质、维生素和矿物质的全价饲料，以满足母兔对营养物质的需要。且应根据母兔的生理特点和胎儿的生长发育规律，在妊娠期的不同生理阶段，喂给不同营养水平的饲料。

图 8-5　怀孕的母兔

妊娠母兔舍要保持恒温、安静、清洁。冬季一般应在 18℃以上，最好为 21℃，温差应控制在 1～3℃，不应超过 5℃，不可忽高忽低。其他季节也应注意调节饲养室温度，保持室温，使之与兔的习性相适应，同时注意防止流产。最好一兔一笼，防止挤压。摸胎时动作要轻柔，不能粗暴，特别是在妊娠后期更应加倍小心，防止引起母兔应激（图 8-6）。妊娠母兔不能接种疫苗。

图 8-6　应激站立的母兔

3. 哺乳母兔

此期母兔的营养要满足泌乳和自身的维持需要，每天都要消耗大量的营养物质。同时，还要保证哺乳母兔正常泌乳，提高母兔泌乳力和仔兔成活率。

哺乳母兔对环境非常敏感（图 8-7），应禁止出现噪声，避免动物的闯入、陌生人的接近、无故搬动产箱和拨动其仔兔等，保持饲养环境安静、清洁、干燥、温暖。尤其是母兔在给仔兔喂奶时，保持笼舍及其用具的清洁卫生，减少乳房或乳头被污染的机会，防止乳房炎和黄尿病的发生。

图 8-7　哺乳母兔观察环境

母兔产仔 21 天以后泌乳量逐渐下降，要确保仔兔自由采食。此期还要适时进行仔兔断奶，生产上可以采用一次性断奶的方法，即直接把母兔转移到其他的笼位，仔兔仍在原来的笼位。如果同窝仔兔有大有小，可以让大的仔兔先断奶，之后再让小的仔兔断奶。

三、仔兔饲养管理

从出生到断奶的小兔称为仔兔。此期仔兔体温调节系统、消化系统、神经系统发育不健全，生长发育迅速，对营养和环境要求严格。刚出生的仔兔体小、无毛、体质较弱，对外界环境的适应力和抗病力都很差。提高仔兔的成活率是养兔成功的关键，也是家兔养殖中的难题。根据仔兔的生理特点可将仔兔的生长分为睡眠期（出生至 12 日龄）和开眼期（睁眼至断奶）两个阶段（图 8-8)，此期的中心任务是保证仔兔的正常生长发育，提高断奶成活率。仔兔在出生后 6～10 小时一定要吃到初乳（母兔产后 1～3 天的乳汁），遇到不会哺乳的母兔，应人工强制哺乳。

若仔兔在 14 日龄才开眼，体质往往很差，容易生病，要加强护理。仔兔开眼后精神振奋，会在巢箱内往返蹦跳，数日后即可出巢箱活动，称为出箱。此期，仔兔体重日渐增加，生长发育很快，而母兔的乳汁开始减少，已不能满足仔兔的营养需求。仔兔需要经历一个从吃奶转变到吃植物性饲料的过程。因此，仔兔在开眼期的饲养重点应放在补料和断奶上。

1. 合理补料

传统的补料时间是 21 日龄，皮、肉用兔在 16 日龄，毛用兔在 18 日龄就开始试吃饲料。补饲料一般可加入适量的酵母粉、酶制剂、生长促进剂和抗球

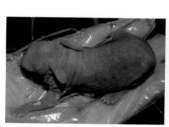

图 8-8　睡眠期和开眼期的仔兔

虫药等。目前多用仔兔采食与母兔相同的饲料的方式进行补饲，但要防止仔兔采食过量。

2. 做好管理

仔兔开眼时要逐个进行检查，发现开眼不全的，可用药棉蘸取温开水洗净封住眼睛的黏液，帮助仔兔开眼。要经常检查仔兔的健康情况，勤观察仔兔耳色：耳色桃红，表明营养良好；耳色暗淡，表明营养不良。

3. 做好疾病防治工作

仔兔抗病能力差，应随时保持产箱内垫草新鲜、干燥、卫生、柔软。仔兔开食后，极易食入受球虫污染的饲料及母兔粪便而感染球虫，因此，要及时清理粪便，定期消毒兔舍及用具，实行母仔分开饲养。平时应特别重视母兔及兔舍的卫生工作，至少每周应进行母兔乳房清洗及兔笼喷雾消毒 1 次。一旦发现母兔患有乳腺炎，应立即停止哺乳。

四、幼兔的饲养管理

从断奶至 3 月龄的兔称为幼兔（图 8-9）。由于幼兔生长发育快，消化机能和神经调节机能不健全，抗病力差，加之断奶和第一次年龄换毛的应激，易发多种疾病。因此，加强幼兔的饲养管理，是促进幼兔快速生长发育、提高成活率的关键。

幼兔的饲粮中应含丰富的蛋白质、维生素、矿物质，并有一定量的粗纤维，而能量较高的饲料应限

图 8-9　一窝幼兔

喂。定时定量，少食多添，每日饲喂三次，喂量为体重的 6%～8%，并供给充足的饮水。生产上，要根据幼兔品种、生理状态的不同，分别配制断奶毛兔、肉兔、獭兔全价配合饲料，这样既可满足各类型幼兔的营养需求，又可防止胃肠炎的发生。

幼兔对生活环境、饲料营养结构的变化极为敏感。在断奶后 1 周，幼兔常常会表现不安、食欲不振、生长停滞，消化器官容易因应激性反应而引发胃肠炎，在生产上要注意以下几点。

1. 分群笼养，加强管理

按照幼兔日龄、体质强弱分群笼养，保持兔舍内清洁、干燥、通风，并定期消毒，还需要保持兔舍通风，降低兔舍内温度，避免幼兔中暑死亡。

2. 做好疾病预防

应加强卫生防疫工作，提高幼兔抗病力。若饲养管理不当或遇到兔病流行，则会有幼兔成群成批死亡。

五、青年兔的饲养管理

青年兔是指 3 月龄到配种这段时期的兔（图 8-10）。它们的消化系统已发育完全，食欲强，对粗纤维的消化利用率高，体质健壮，抗病力强，生长速度快，性情活跃，死亡率低，是较易饲养的阶段。

为了满足生长需要，适当控制体重是青年兔饲养的基本原则。家兔在 3 月龄阶段正是生长发育的旺盛时期，应利用这一优势，满足蛋白质、维生素和矿物质等营养的供应（尤其是维生素 A、维生素 D、维生素 E），以促进其骨骼和生殖系统的发育，形成健壮的体质。在饲养方面要注意以下几点。

图 8-10　青年兔

1. 单笼饲养

从 3 月龄开始要公、母兔分开饲养，尽量做到 1 兔 1 笼。

2. 选种鉴定

对 4 月龄以上的公、母兔根据外形特征、生长发育状况、产毛性能和健康状况等指标，进行一次综合鉴定。把鉴定后的家兔分别归入不同的群体中。

3. 适时配种

兔的初配期过早或过晚都不好，应根据其品种、用途、生长发育状况和季节而定。

4. 及时预防接种

青年兔代谢旺盛抗病力强，一般疾病很少，但对兔瘟却十分敏感，极易感染发病，发病死亡率可达 80％以上。因此，要适时接种疫苗，重点预防兔瘟的发生。

5. 认真防疫

由于饲养密度大、缺乏光照和运动受限制，青年兔身体抵抗力差，易于患病，所以，一定要做好疾病预防工作。

六、獭兔的饲养管理

獭兔，也称为力克斯兔，有多种色型，是典型的皮用品种，有其独特的生物学特点。獭兔抗病力差，容易患鼻炎、肠炎、皮肤病等疾病，对饲养环境条件要求严格，最好单笼饲养。獭兔皮毛生长需要的营养水平较高，应注意满足獭兔的蛋白营养需要，其中必须满足含硫氨基酸（蛋氨酸和胱氨酸）的需求。特别注意在屠宰取皮前一个月应加强营养，促进獭兔皮毛的生长。獭兔屠宰也有一定的要求，一般要注意避开换毛期，而且体重达到 2.5～3.0 千克，最好是在 5—6 月取皮，此时的毛绒细密、丰厚。

七、长毛兔的饲养管理

长毛兔主要是指安哥拉兔，起源于小亚细亚一带，后来形成了不同的品系，如中系、英系、德系、法系等。长毛兔有多种颜色，但由于白色毛容易染色，所以世界上养白色长毛兔的居多。长毛兔产毛性能非常好，德系长毛兔年产毛量可达 1.5～2.0 千克。兔毛是蛋白质纤维，蛋白质含量高达 90％以上，所以对于长毛兔要投喂高蛋白饲料来满足其营养需要，尤其要保证含硫氨基酸的需要，同时在饲料中添加适量的铁、锌、铜等微量元素，对提高产毛量有明显的作用。科学剪毛能促进长毛兔食欲，增加采食量，尤其在夏季。建议一年剪毛 5 次，可以增加兔毛产量，还有利于长毛兔生理机能的正常发挥、降低食欲减退和皮肤病的发生。在饲养长毛兔的过程中尤其应注意防止皮肤病和毛球病的发生。每天加喂适量的青草和优质干草，可加速胃内食物移动，能有效地减少毛球病的发生，同时注意多观察，勤打扫清理圈舍和保持食槽卫生。

八、宠物兔的饲养

宠物兔一般体形微小，喜欢干净、干燥和安静的环境。一定要注意给予充

足的饮水。刚断奶的幼兔，以浸泡牛奶的面包、柔软的蔬菜为主料，要定时定量饲喂。当幼兔体重达到 0.5 千克以上时，正常饲喂青草和兔颗粒饲料，夜晚补饲一次。平时在饲养过程中要准备磨牙工具给家兔磨牙，注意修剪指甲和梳毛。选购宠物兔时要注意了解宠物兔长大后的样貌和大小，并考虑清楚养宠物兔的麻烦。

九、兔的饲养方式

我国家兔的生产方式正由传统的单农户作坊式生产模式向规模化、机械化、集约化转变。常见的生产模式可大致分为三种：一是传统生产模式，机械化程度低，主要以手工操作为主，适合农户小规模经营；二是半集约化生产模式，具有一定的自动化能力，可以对部分舍内环境进行控制，是目前我国兔场采用较多的一种饲养模式；三是集约化生产模式，其特点是机械化、自动化程度高，需有一定的资金和技术支持，生产水平高，产品质量好。

1. 立体笼养

笼养大大提高了兔的饲养效率，而兔的立体笼养技术更是提高了养殖的标准化和现代化水平。除了利用和普通笼养兔一样的兔笼以外，更是增加了兔舍的控制系统：供暖系统的应用大大提高了冬季兔的饲养效率；降温系统的使用保证了夏季兔的生长和繁殖性能；兔舍内安装负压通风系统充分保证了舍内空气的质量，提高了饲养效率；供水和喂食系统保证了家兔营养充足、高效的饲料供给；兔舍内安装环境安全监测系统极大保证了家兔个体的健康，为申办无公害农场认证提供了可能性。

2. 生态放养

生态放养实际上是野兔驯化的逆行，即家兔野养。而生态放养是在较大的自然环境中（如山场、荒坡、草场、林地等）投放一定的家兔，让其在自然环境中自由生活、自由采食野生植物性饲料，自由结合繁衍后代。因此只需要提供适宜的放养环境，其他人工干预很少，基本上是生活在自由空间中，也不需要人工提供饲料和饮水（图 8-11）。

3. 林地放养

林地养兔是在林地里投放一定数量的家兔，让其在林地中自由生活，自由采食野生植物性饲料，自由结合繁衍后代，给家兔提供一个较大的带有隔离设施的场地，在人工提供的条件下相对自由生活，但其饲料和饮水由人工提供，场地只是一个活动空间。

4. 高楼养兔

最近几年生产中出现了高楼养兔（图 8-12）的饲养方式，其具有节约养

图 8-11　兔生态放养

殖用地和人工、便于机械化利用和治污技术集
成、易于采光通风和保暖等优点。高楼养兔要
注意根据养殖主体的实力和规模，并注意要真
正做到节约用地。

5. 工厂化养兔

工厂化养兔在 20 世纪 90 年代起源于欧洲，
称为 "all-in-all-out system"，即全进全出系
统。工厂化养兔与传统养兔的主要区别见表 8-1。
工厂化养兔是众多技术的集成，但其核心是繁
殖控制和人工授精技术。工厂化养兔的主要目
标是让种母兔同期发情、同时出栏，严格控制
家兔生活环境。

图 8-12　建设中的养殖高楼

表 8-1　工厂化养兔与传统养兔的区别

项目指标	工厂化养兔	传统养兔
繁殖方式	控制发情，人工授精	自然发情，本交繁殖
生产安排	批次化生产，全进全出	不固定的陆续进出
卫生管理	定期空舍消毒	较少空舍消毒
转群操作	转移妊娠母兔	转移仔兔
产品质量	出栏兔均匀度高	出栏兔大小不均
人均劳效	500～1 000 只/人	120～200 只/人

十、你知道吗？

1. 兔的粪便可入药

兔的粪便（图 8-13），又称为望月砂，含有尿酸、甾醇、维生素 A 等成分，具有明目、清热、散结、解毒的功效。《苏沈良方》载有治瘰疾（肺结核）之"明月丹"，用兔屎 49 粒。《本草求真》也记载了兔屎能治浮翳、瘰瘵、痔漏、痘疮。

2. 兔子的耳朵很脆弱

兔子的耳朵很脆弱，在饲养兔的过程中千万别抓兔子耳朵。兔子耳朵大部分是软骨，根本承受不住它的体重，且兔耳上有丰富的血管和神经，如果造成耳根受伤，会导致兔耳朵竖立不起来（图 8-14）。

图 8-13　兔的粪便

图 8-14　兔耳

第九章　兔舍建筑

兔是小体格动物，具有独特的生物学特点，在饲养方面略显"娇贵"。我国地域辽阔，南北方气候条件差别大，兔舍形式也多种多样。兔舍是做好家兔生产的重要基础条件。兔舍建筑是否合理，直接影响家兔的健康、生产力的发挥和养兔者劳动效率的高低。兔舍建筑设计是养兔生产的前期工作，至关重要。本章节将带领大家从多种角度学习如何科学合理地为兔子设计一座适合它们的家园。

一、兔舍选址

兔场应选择建在交通发达、通讯方便的地方，最好附近有饲料厂，并且有着便利的供水、供电系统，但不能与主干道过近（诸如飞机场、铁路、高速公路、国道、省道以及县、乡、镇主干道等），应至少保持 1 000 米的距离，并且需要远离城区、村镇等人口居住密集区。远离其他畜禽养殖场、畜产品加工厂、屠宰厂、兽医院等容易产生污染的企业和单位，避开空气、水源和土壤污染严重的地区和动物疫病区。大型兔场周围最好长有高大树木，作为防疫的天然隔离屏障（图 9-1）。

兔舍应在地势平坦、背风向阳、地下水位适宜、排水良好的地方，地下水位最好在 2 米以上。地形要开阔，建筑要整齐、紧凑，提高场地的有效利用率。要充分利用天然地形、地物，如林带、山岭、沟河等作为天然屏障和场界。建兔舍的土壤最好是沙壤土，没有积水是建设兔舍较为理想的土质，本身兼具了沙土和黏土的双重优点，能够保持兔舍相对干燥的环境，且能起到一定的保温作用，还可防止病原菌、寄生虫卵和蚊蝇的滋生。兔场水源充足、水质良好、方便取用是兔舍选址的必要条件之一。水质要求不含过多的杂质、细菌和寄生虫，不含腐败有毒物质，矿物质含量不应过多或不足，最理想的水质是达到生活用水的标准，水质安全标准可参考 NY 5027-2008。

建设兔场的注意事项如下。

图 9-1　兔舍场景

1. 品种

　　不同品种家兔（图 9-2）的生产性能、生长速率、繁殖力和饲养工作量都有着不小的差距。建设兔场时还应结合近几年国内外市场行情、当地的区域规划、风土人情以及资源条件等因素综合分析，因地制宜，确定经营方向和养殖模式后选择合适的品种。

天府黑兔

加利福尼亚兔

斑点兔

新西兰白兔

图 9-2　兔场常用兔品种

2. 生产规模

根据投资计划，合理确定生产规模。一般能繁母兔在 200 只以下的称为小型兔场，200～1 000 只为中型兔场（图 9-3），1 000 只以上是大型兔场。兔场不但要配套与之规模相匹配的兔舍和笼具，还要预留出足够容纳兔粪、储存污水的空间和用地。

图 9-3　中型兔场一角

3. 功能区划分

兔场通常分为生活区、办公区、生产区、隔离区、粪污处理区和水源区等（图 9-4）。各区的顺序应根据当地全年主导风向和兔场场址地势来安排。

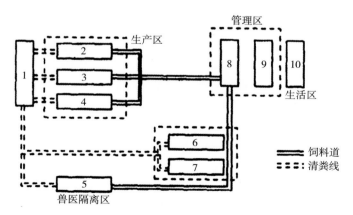

图 9-4　兔场分区示意图

1. 粪污处理区　2. 幼兔舍　3. 育成舍　4. 繁殖舍　5. 病兔舍
6. 公兔舍　7. 母兔舍　8. 饲料加工间　9. 库房　10. 办公生活区

（1）生活区

是兔场工作人员及家属日常生活的地方，包括食堂、宿舍、浴室、文体活动场等生活场所，应划分独立的区域。

（2）办公区

是兔场工作人员日常办公和接待往来人员的地方，是规模化兔场生产管理所必需的附属建筑物。一般根据职能可划分为办公室、接待室、财务室、会议室、技术档案室、培训教室、变电室等。

（3）生产区

是兔场的核心区域，占兔场全部面积的 70%～80%，其中包括种兔舍、繁殖兔舍和育成兔舍，对外全封闭。各舍之间要保持一定的距离，并采取一定的隔离防疫措施。生产区外围应建有围墙，门最好不超过 2 个，且门口要有消毒池（图 9-5）、消毒间，进出人员车辆必须消毒。

（4）隔离区

用来隔离观察从外部引进的种兔和隔离治疗病兔的区域，设有种兔隔离室、病兔隔离室和化验分析室。该区域应建在整个兔场的最下风口处。

（5）粪污处理区

是处理粪尿和死兔尸体的区域，一般设有粪尿池、焚烧炉等，位置处在下风口。

图 9-5　消毒池

（6）水源区

要远离粪污处理区，防止水源污染。

（7）其他辅助区

包括饲料储存仓库、饲料加工车间、水塔、变电室、锅炉房等。

值得一提的是，兔场四周应建筑闭合的围墙（图 9-6），以防场外人员或动物进入场内。围墙要求为墙体严实、高度为 2.5～3 米。兔场可以做绿化，改善场内环境。

图 9-6　围墙

二、兔舍设计

兔舍的设计应以能够发挥家兔的最大生产潜力为前提，在有限的空间内，收获最大的经济效益，因此必须要符合家兔的生活习性和生物学特性，并方便日常管理和操作。

家兔具有啮齿行为，喜欢啃咬物体，并且有打洞的生活习性，其尿液中含有酸性物质，容易腐蚀金属，因此在兔舍建筑材料的选择中应首选坚固耐用抗腐蚀的材料，其次要因地制宜，就地取材。一栋兔舍容纳成年兔的数量不宜过多：一则是方便生产管理，有利于责任制的落实；二则是对兔群的疾病防控有一定的帮助，起到空间隔离的作用。兔舍地面要求平坦、坚固、抗腐蚀和防兽害，高于舍外 20～25 厘米，舍内过道两侧要有坡面，以免水及尿液滞留在过道上。

1. 门窗

兔舍（图 9-7）门窗设置直接影响舍内的采光和通风效果。在北方地区，兔舍北侧和西侧应少设门窗，门窗材质以轻便保暖为主，最好是双层窗，不易漏风。在南方地区，窗户应多安在南北侧，方便通风和采光。舍门的大小应以满足工作车辆的通行为前提，一般为 1.2～1.6 米宽，2 米高，单、双开门皆可。

图 9-7   兔舍采光透气好

2. 清洁粪便

目前兔舍主流的清粪方式分为人工清粪和机械清粪（自动刮粪板清粪）（图 9-8）。人工清粪的粪沟所在位置：户外兔舍在兔笼的背面；室内兔舍，"面对面"的两列兔笼之间为工作过道，靠近南北墙各有一条粪沟，或"背靠背"的两列兔笼之间为粪沟，靠近南北墙各有一条过道。粪沟宽度一般在 60 厘米左右，并向排粪沟一侧倾斜。

3. 排水系统

在兔舍内的排水系统主要由排水沟、沉淀池、地下排水道和粪水池组成。一般情况下，排水沟和粪沟为一条，表面光滑、防水，并且有一定的斜度，方便尿液、废水的顺利流走。沉淀池是一个方形的小井，尿液和污水在小井内汇集，方便其中的固体物质沉淀。其开口应位于粪水池的上部，管道呈直线，与沉淀池保持 3%～5% 的倾斜。粪水池位于舍外 5～7 米的地方，池底和池壁要坚固，不透水。粪水池的上部应高于地面 5～10 厘米，可以防止地面水流入池内。

图 9-8   兔舍自动刮粪粪沟

4. 光源

依据家兔的夜出习性，柔和的光线（图 9-9）更适合兔的生长。兔舍光照以自然采光为主，人工补光为辅，集约化兔场多用人工光照，每平方米 4 瓦即可，同时光照时间也不易过长，每天光照时间为 14～16 小时。适宜的光照可以帮助家兔调节生理机能，能够提高其新陈代谢水平，还可以控制母兔的同期发情，提高受胎率。

图 9-9　兔舍内柔和的灯光

5. 通风

良好的通风能够保证兔舍舍内空气质量（图 9-10），有效降低舍内有害气体的含量以及湿度。通风常采用自然通风，该方式需要在建设兔场时，让兔舍朝向为背北向南，方便夏季通风，同时加大门窗面积，并安装风扇调节兔舍通风。

图 9-10　兔舍外通风系统

6. 兔笼

家兔的饲养方式有多种，主要有笼养、窖养、地面平养和户外散养等方式，较为理想的饲养方式是笼养。笼养不但能节省空间，还能配套相应的饮水、饲喂、产仔箱等设备。

兔笼是否合理，直接影响到家兔的健康和生产效益。兔笼一般可分为水泥板兔笼和金属兔笼（图 9-11）。水泥板兔笼适用于开放式兔舍，主要优点是耐腐蚀，耐啃咬，适于多种消毒方法，坚固耐用，造价低廉。金属兔笼一般采用镀锌冷拔钢丝焊接而成，适用于工厂化养兔和种兔生产，主要优点是通风透光、耐啃咬、易消毒、使用方便，缺点是容易锈蚀、造价较高，如无镀锌层则其锈蚀更为严重，且易污染兔毛，又易引起脚皮炎，适合密闭式兔舍使用。兔更喜欢光滑的笼壁，可用砖块或水泥板砌成，也可用竹片、钢丝网或铁皮等钉成。笼壁必须光滑，以防造成

图 9-11　金属兔笼

家兔外伤。兔笼底板是兔笼最重要的部分，一般用竹片或镀锌钢丝制成，也可以安装塑料笼底板，光滑平整，装卸方便，便于清理。

7. 兔笼排列类型

单层平列式兔笼的特点是饲养密度低，适于养种母兔。兔笼全部排列在一层，门多开在笼顶（图 9-12）。

重叠式兔笼的特点是饲养密度较高，一般用于饲养商品兔。上下层笼体完全重叠，层间设承粪板，一般为 2～3 层（图 9-13）。

全阶梯式兔笼上层可以饲养商品兔，下层用于饲养种兔。在兔笼组装排列时，上下层笼体完全错开，粪便直接落入设在笼下的粪沟内，不设承粪板。半阶梯式兔笼与全阶梯式兔笼排列方式类似，但上下层兔笼之间部分重叠，重叠处设承粪板。（图 9-14）。

图 9-12　单层平列式兔笼

图 9-13　重叠式兔笼

8. 产仔箱

内置式产仔箱是一种敞开式的平口产仔箱（图 9-15），可移动。产仔箱上

口四周需要用铁皮或竹片包裹，防止刮伤仔兔和母兔乳房。另一种为月牙形缺口产箱，可竖立或横倒使用，在母兔产仔、哺乳时可横侧向使用，以增加箱内面积，平时则竖立以防仔兔爬出产仔箱。倘若实现母仔分离，则需要每次哺乳前后搬运产箱，费时费力，且容易使母兔和仔兔受到惊吓。

图 9-14　半阶梯式兔笼

图 9-15　内置式产仔箱

　　悬挂式产仔箱多采用保温性能好的发泡塑料或轻质金属等材料制作。悬挂于母兔笼的笼门外侧，在与母兔笼笼门的连接处，开有一个圆形或方形、大小适中的孔洞，产仔箱上方加盖一块活动板。这种产仔箱移动方便，便于管理，并且不占用母兔空间，但对母兔兔笼的质量要求较高，需要具有一定的承重能力（图 9-16）。

　　其中一种一体式母仔笼的母兔笼和仔兔笼分列左右两侧，中间有门相通，仔兔笼中能够放置内置产仔箱，适用于养殖户。另外一种为目前规模化兔场普遍采用的母仔一体笼（图 9-17），与悬挂式产仔箱类似，但产仔箱和母兔笼的底板是一体的，产仔箱位于母兔笼前方，不妨碍母兔和仔兔的分别饲养管理。

图 9-16　悬挂式产仔箱

图 9-17　母仔一体笼

母兔笼和产仔箱上方分别设有开门，当仔兔断奶后，可以将母兔移走，再抽出母兔笼和产仔箱之间的隔板，将仔兔留在笼中育肥，可以减少仔兔的转群和断奶应激，适用于全进全出的管理模式。

三、兔粪处理

堆肥处理（图 9-18）是常见的一种兔粪处理方法，依靠自然界中广泛分布的微生物如细菌、真菌、放线菌等，在适宜的温度、水分、氧气含量、氮磷比和 pH 下，将有机物生物降解为稳定的类似腐殖质物质的生物化学处理技术。整个降解和转化过程将持续几十天到几个月的时间，在此期间逐渐完成了从粪便到肥料的转变。堆肥过程可通过高温杀灭兔粪和辅料中的病原菌，同时通过微生物的发酵使堆料中有机物转变成稳定的腐殖质，变成利于作物吸收和利于环境的友好型有机肥料。

图 9-18　堆肥处理

采用沼气处理技术不但能够同时处理兔场的粪便和污水，还能获得清洁能源、减少空气和环境的污染，是目前我国养殖业较为倡导的一种粪污处理模式。沼气是生物质通过厌氧消化转化得到的产物，其主要成分是甲烷，甲烷是一种理想的气体燃料，无色无味，清洁无污染，以沼气工程为代表的厌氧发酵技术是一种能消纳有机废弃物、缓解能源短缺的环境友好型技术。

四、你知道吗?

1. 兔尿液的颜色是善变的
兔尿液的颜色与饮水量、温度、食物种类、个体代谢差异等都有关系。如兔子食用苜蓿和胡萝卜就容易出现色素尿。常见兔尿液颜色有无色、白色、黄色、砖红色、铁锈色、咖啡色等。所以，当你看到兔子尿液有多种颜色时不要过分担心，只要兔子精神状态良好，无明显病感，一般都没有问题的。

2. 兔也可以得结石病

水分摄取不足是兔尿路结石最大的原因，也有饲料矿物质摄入过多、喜欢憋尿、尿道感染以及食物配比失衡或天生体质等原因。当发现兔子背部蜷缩、食欲变差、频繁弯腰舔尿道口，或有尿频、尿血、排尿困难等问题时就要及时对兔子进行疾病检测了。

第十章 兔的产品

兔儿虽小，可浑身都是宝，馈赠了人类很多"礼品"。兔肉具有高蛋白、高赖氨酸、高卵磷脂和高消化率，以及低脂肪、低胆固醇、低尿酸、低热量的特点，被称为"益智肉""保健肉"，是国际公认的"功能性肉食品"之一。川渝人更是把兔肉烹调到了极致：鲜锅兔、冷吃兔、手撕兔、广汉缠丝兔、干锅兔、凉拌兔丁和麻辣兔头等。长毛兔的兔毛可生产保暖轻便的纺织品，獭兔的皮更是裘皮大衣的上乘原料。

一、兔的屠宰

1. 宰前准备

兔子（图 10-1）进入屠宰场的时候必须具有良好的健康状况，严格剔除病兔（图 10-2）。要按照肉品卫生检验相关规定进行处理。在宰前饲养中还必须限制肉兔的运动，以保证休息、解除疲劳，提高产品质量。宰前应断食 12 小时，有利于减少家兔消化道中的内容物，便于开膛和内脏整理工作，可防止加工过程中的肉质污染。而且，断食能促使兔肝脏中的糖原分解为乳酸，

图 10-1 正常兔

抑制微生物繁殖，使兔肉产品肉质肥嫩、肉味增加，保持临宰兔安静休息，有助于屠宰放血。家兔屠宰的方法有颈部移位法、电麻法等，实验室常用耳静脉注射空气法（图 10-3）。

2. 屠宰兔的要求

加工冻兔肉或兔肉制品的原料肉，应以肥度适中、屠宰率高为原则。一般幼兔肉肉质幼嫩、水分含量较高、脂肪含量较低，但缺乏风味。老龄兔肉虽风

图 10-2　病兔　　　　　　　　　图 10-3　静脉空气注射法

味较浓，但结缔组织较多、肉质坚硬，故质量较差。一般肉兔饲养至 2～2.5 月龄、体重 2～2.5 千克时屠宰较为适宜进行冷冻。加工厂加工冻兔肉的原料肉必须新鲜、放血干净，经剥皮、截肢、割头、取内脏和必要的修整之后，经兽医卫生检验未发现任何危及人体健康的病症，方可进行冷冻加工。

　　3. 常见兔肉类别及分级标准

　　我国出口的冻兔肉，主要有带骨兔肉和分割兔肉两种。

　　（1）带骨兔肉分级标准

　　特级每只净重 1 501 克以上；一级每只净重 1 001～1 500 克；二级每只净重 601～1 000 克；三级每只净重 400～600 克（图 10-4）。

　　（2）分割兔肉（图 10-5）

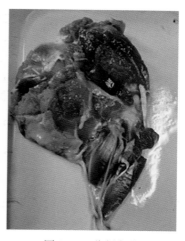

图 10-4　带骨兔肉　　　　　　　　图 10-5　分割兔肉

①前腿肉自第十与第十一肋骨间切断，沿脊椎骨劈成两半。②背腰肉自第十与第十一肋骨间向后到腰荐切下，劈成两半。③后腿肉自荐骨向后，沿荐椎中线劈成两半。根据不同国家的不同要求，参考出口规格，应切除脊椎骨、胸骨和颈骨。

二、兔肉

1. 兔肉的营养特点

在国际和国内市场上被称为"保健肉""荤中之素"的兔肉，具有"四高（高蛋白、高赖氨酸、高磷脂、高消化率）和"四低"（低脂肪、低尿酸、低胆固醇、低热量）的特点，兔肉的营养情况见表 10-1。兔肉肌纤维细嫩，味道鲜美，烹饪的时候熟得快。人体对兔肉的消化率高达 95%。兔肉中富含人体所必需的各种氨基酸和矿物质，而且赖氨酸、钙以及其他无机盐含量也高于其他肉类。尤其是兔肉中钙的含量比猪、牛、羊肉丰富，对人体新陈代谢，特别是对促进儿童生长发育和预防老年人骨质软化有很大的益处。

表 10-1　兔肉的营养价值

兔肉营养成分						
水分（%）	蛋白质（%）	脂肪（%）	碳水化合物（%）	无机盐（%）	胆固醇（×10^6 毫摩尔/升）	赖氨酸（毫克/100 毫克）
66.58	21.37	9.76	0.77	1.52	650	9.6
兔肉中维生素含量（毫克/千克）						
硫胺素	核黄素	烟酸	吡哆醇	泛酸	叶酸	生物素
1.1	3.7	21.20	0.27	1.10	40.60	2.80
兔肉中矿物质含量（毫克/千克）						
锌	钠	钾	钙	镁	铁	磷
54	393	2 000	130	145	29	175

（1）大脑的"润滑剂"

兔肉中含有人体不能合成的不饱和脂肪酸，特别是卵磷脂，每 100 克兔肉中含有 1 652 毫克卵磷脂，是人脑组织发育中不可或缺的重要营养素。因此，兔肉有利于儿童智力发育，也有利于预防阿尔茨海默病，因此兔肉被称为"益智肉"。

（2）皮肤的保养品

兔肉蛋白含量高，但脂肪和糖类含量低，常吃兔肉不易长胖，且兔肉富含

B族维生素，特别是烟酸含量高。烟酸被称为抗癞皮病因子，不但能促进营养素的转化与合成，还能消除皮炎，防止皮肤粗糙，使皮肤细嫩光滑。因此又被称为"美容肉"。

（3）血管的"清道夫"

兔肉中含有丰富的二十碳五烯酸（EPA），属于 Ω-3 系列多不饱和脂肪酸，被称为"血管清道夫"，主要是因为 EPA 可以降低血液内低密度脂蛋白胆固醇及甘油三酯含量。而且兔肉脂肪含量不到 2.1％，胆固醇含量低（0.05％），能有效减少心血管疾病和脑血管疾病的发生，因此又被称为"长寿肉"。

（4）消化快的肉

兔肉肌纤维细嫩，保水性好，味道鲜美，烹饪时易熟，且易被消化吸收，消化率高达 85％，特别适宜患病者或处于康复期的病患食用，且是慢性胃炎、十二指肠溃疡、结肠炎患者和体弱多病者的滋补食物，因此被称为"养胃肉"。

2. 兔肉的吃法

四川是中国养兔和消费兔肉的大省。川菜的一大特色就是麻辣鲜香，喜用天然香料，对原材料本身的风味要求不高，所以川菜厨师们用兔肉开发出了一系列具有四川特色的肉兔美食。在宋朝时期，苏东坡先生称兔肉为"食品之上味"。乐山大佛的所在地最出名的就是乐山的"哈哥"兔（图 10-6）和自贡的"冷吃兔"（图 10-7），赢得了当地人士和各地游客的青睐。尤其是自贡的"冷吃兔"，成为著名特色食品和地理标志保护产品。

图 10-6　四川"哈哥"兔肉干

图 10-7　四川自贡冷吃兔

常见的兔肉开袋即食零食也比较多。兔肉松呈丝绒状，风味独特，芳香浓郁，是我国著名特产，具有营养丰富、味美可口、携带方便的特点。兔肉干的特点是干而不焦、脆而不硬、柔软酥松、芳香可口，色泽呈棕红色，形状有条、片、粒状。兔肉脯具有干爽薄脆、红润透明、入口化渣的特点。与肉干加工方法不同的是肉脯不经过水煮，直接烘干而成。

酱卤兔肉是我国民间传统的一大类兔肉制品，因其具有外观光亮油润、肉质细嫩、芳香可口、多汁等特点，深受消费者的喜爱。酱香兔风味独特，回味绵长，色泽鲜艳明亮，并且不添加任何防腐剂和色素，一般在火锅中吃。酱麻辣兔麻辣鲜香，色泽明亮，呈橘红色，深受东北、华北及华中地区消费者的青睐。五香卤肉兔是我国特色传统制品之一，因味道芳香、清甜爽口而久负盛名。芳香兔色红油润，色泽鲜艳，成品肉质疏松细嫩，入口化渣，咸

图 10-8　香酥兔

淡适中，酱香浓郁。香酥兔（图 10-8）又称为五香酥皮兔。成品外观色泽金黄或枣红，油润光亮，肉质细嫩且脱骨，皮酥脆，咸甜适中，香而不腻。

熏兔一般选用肌肉丰满的健康兔。烤兔（图 10-9）呈枣红色，外表有光泽，有特殊的烧烤香味，在国外有很好的消费市场。一般选用肥嫩健壮的兔。烧烤兔肉（图 10-10），又称为挂炉食品。我国各地生产的烤兔风味都各具特色，但还没有从其他肉类烤制品中脱颖而出。

图 10-9　烤兔

图 10-10　兔肉烧烤制品

川式的兔肉松长而细，富有弹性，新鲜而不干燥，有助于消化。缠丝兔也是四川广汉的地方名产，以造型独特、色泽红亮、肉质细嫩、香味浓郁而驰名四方。还有广州的腊兔，色泽鲜亮艳丽，咸淡适中，具有特殊的腊香味。陕西的油皮全兔以其外观完整、色泽金黄油亮、肉酥烂、味浓香的特点名扬四方。洛阳卤兔的外观呈柿红色，像全兔蜷缩在一起的形状，肉质鲜嫩、熟烂爽口，成为老少皆宜的理想食品。

三、兔毛

兔毛也被誉为中国的第二大"软黄金"，闻名中外。兔毛纤维在纺织材料中是一种比较珍贵的绿色环保动物纤维。兔毛由毛干、毛根和毛球三部分组成。毛兔身上不同部位所生长的毛丛形态不尽相同，如兔肩背部和体侧部的毛丛毛形清晰、毛丛形态较好。兔毛的外观也不尽相同：优级毛的毛形清晰蓬松，长度长（图10-11）；一级毛的毛丛清晰较蓬松（图10-12）；二级毛的毛丛清晰程度及蓬松性较一级毛差；三级毛的毛形较混乱，基本无毛丛结构，而且还有少量的缠结毛。

图10-11　优级毛　　　　　图10-12　一级毛

兔毛的细度和长度、吸湿性、卷曲性能、摩擦性能与缩绒性、保暖性是评价兔毛的重要指标。兔毛的细度和长度是影响纺纱性能以及所产产品品种和质量的关键因素，一般细度为15～18微米，当细度一定时长度越长则纺纱性能越好。纤维的卷曲性能关系到加工过程中纤维之间的抱合力大小以及产品的手感。兔毛吸湿性强，保存时要注意防止霉烂。兔毛的摩擦系数比羊毛以及其他几种特种动物纤维都小，所以兔毛的手感最滑，但是抱合力差，具有一定的缩绒性。兔毛的密度小，所以兔毛轻，容易飞，且易产生静电现象。由于兔毛的髓质发达（图10-13），在常见的动物纤维中，兔毛的保暖性是最好的。兔毛纤维具有天然的抗菌性，并且由兔毛制成的吸附材料具有良好的过滤性能，其过滤效率高于市场上的一次性活性炭口罩。

兔毛纤维相对于羊毛等其他动物纤维来说，具有独特的横面（图10-14）和纵面（图10-15）结构，可提供更大的储硫空间，同时也能更好地应对生产中出现的体积膨胀等现象。值得一提的是，相对于香蕉皮、蘑菇等植物纤维来说，兔毛纤维的蛋白质有独特的氮、磷原子掺杂，

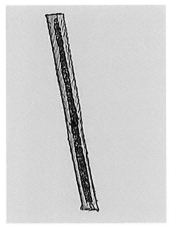

图10-13　兔毛

可与多硫化物之间形成化学键，进而达到对多硫化物的吸附。因此，生产上可用兔毛纤维来制作锂硫电池。

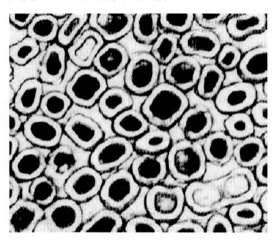

图10-14　兔毛横面

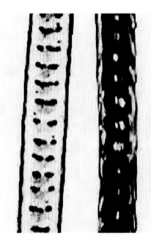

图10-15　兔毛纵面

兔毛容易缠结、易受潮、易受虫蛀，太阳暴晒后又易变脆，保存环境直接影响到商品兔毛的质量。在兔毛保存过程中，必须做好"四防"，即防压、防潮、防晒和防虫蛀。收购的兔毛，应按等级分别贮存，贮存过程中首先应注意防潮，兔毛吸湿回潮后，会使兔毛变色、霉烂、腐败。可采用专门的仓库或木柜贮存，也可置于铁架或木架上贮藏。仓储要求干燥、清洁、通风良好，尤其是在梅雨季节，天气晴朗时应打开窗户通气或翻垛晾晒，切忌使兔毛直接接触地面和墙壁。其次是防压，兔毛毡合性强，容易相互缠结、结块。因此，兔毛

应装在专用的木柜或纸箱中，避免重压，不宜多次翻动。再次，防虫蛀，兔毛主要成分是角蛋白，易受虫害，特别是受潮后。所以，对于保存的兔毛应定期检查，夏季半月一次，冬季每月一次。为防虫蛀，在保存的兔毛中可放袋装樟脑丸或其他防虫剂。

四、兔皮

獭兔，是世界公认生产优质兔皮的专门化皮用品种，体形匀称，颊下有肉髯，耳长且直立，须眉细而卷曲，毛绒稠密、丰厚，外观光洁夺目，全身绒毛占被毛的90%以上。獭兔毛皮的最大特点是绒毛丰厚，毛纤维直径细小，皮肤单位面积着生绒毛数量多。獭兔毛皮色调美观，相对于家兔来说被毛着生牢固，不易脱落。獭兔的被毛短、平、细、密、柔，制裘后轻柔、牢固美观，深受广大消费者的青睐。獭兔皮的抗张强度、厚度（图 10-16）、撕裂强度和耐磨系数均达到国家标准，是一种高档裘皮制品原料。并且通过染色后可制成各种颜色的兔皮，受到消费者的喜爱。

图 10-16　兔皮厚度测定

1. 兔皮的获取过程

刚从兔体上剥下的生皮叫作鲜皮。鲜皮含有大量水分、蛋白质和脂肪，极适于各种微生物繁殖，如不及时进行加工处理，就很有可能腐败变质，影响毛皮品质。剥下的生皮常带有油脂、残肉和血污，应及时去肉。去肉一般是将獭兔皮被毛朝下，皮板朝上，平整铺放在清洁的平台上，用钝刀或刀背先从皮边缘向里刮，再从尾部向头部刮，直至将皮板上的油脂、残肉、韧带、乳腺等刮尽。獭兔皮鞣制工艺为：选皮-浸水-脱脂-脱水-再次去肉-浸酸-鞣制-中和-甩水-加脂干燥-干铲-整理。各工序时间：浸水 20 小时左右，脱脂 1 小时，浸酸、鞣制各 48 小时。温度：浸水 25℃左右，脱脂 39℃左右，鞣制 36℃左右，中和 30℃左右，加脂 40～60℃。此外，各种试剂用量也应准确。

2. 獭兔皮贮存

仓库应设在地势较高的地方，库内要通风隔热、防潮，最适宜的相对湿度为 50%～60%，最适宜的温度为 10℃，最高不得超过 30℃。要有充足的光线，但又要避免阳光直接晒在皮张上。库内在适当位置要放置温度计与湿度计，以便经常检查库内的温度和湿度。在原料皮入库前要进行严格的检查。没有晾晒干或带有虫卵以及大量杂质的皮张，必须剔除，再经晾晒、加工整理或药剂处理后方能入库。在库房内，同品种皮张必须按等级分别堆码。垛与垛、垛与墙、垛与地之间应保持一定距离，以利通风、散热、防潮和检查。面积较小、较珍贵的皮张，一般要求使用木架或箱、柜保管。每个货垛都应放置适量的防虫、防鼠药剂。如果在一个库房内保管不同品种的皮张，货位之间要隔开，不能混垛。盐干板与淡干板必须分开保管。露天保管时，垛位距离地面要高一些，货垛四周应有排水渠道，并用苫布等盖严，以防雨淋。

五、其他兔产品

兔的内脏都是宝。兔胆所含的胆汁酸能够用来合成人工牛黄，而且，它的附属物可以治疗一些疾病，比如消化不良、胆功能失调、气管炎等，对肝脏进行有效的保护，促进细胞的增长。对兔的胃进行有效的提取，可提取出一些胃膜素和胃蛋白酶，具有很高的药用价值。其中部分蛋白酶可以治疗胃溃疡，使溃疡面愈合。同时，兔的黏膜与肺具有药用价值，可以治疗人体疾病，提取后的过滤残渣也可以制作功能性物质。兔的胰腺可以提取胰蛋白酶；兔脑中所含的脂类和蛋白质能够对人体生理活动进行调节，提取多种生化药物，例如维生素、胆固醇、凝血致活酶等；兔血中可以提取出一些生化产品，例如血红素、凝血酶等，可作为一些药物的原料。

兔的粪尿能够提供有效的有机肥料。兔粪经过发酵后，过滤残渣可以为植物提供肥料，具有很好的肥效。同时，能够杀除田地中的一些病菌。例如每只成年的兔每年可以积累粪尿达到 100 千克以上，其中所含的微量元素高于其他家畜的粪尿，这些成分经过有效的处理，能够提供更大的效用，同时，还能制作动物的高蛋白饲料。

兔毛皮边角料也可进行合理的利用，可以通过特殊的工艺进行蛋白提取，为动物饲料中提供添加剂、蛋白粉。兔的眼睛可以提取透明质酸，应用到一些化妆品中。兔耳中含有丰富的蛋白和软骨组织，用规范科学的策略来提取其中的胶原蛋白，能够治疗人体的关节疾病。兔耳中所提取的胶原蛋白，还可用于生产化妆品和保健品。

六、你知道吗？

1. 孕妇吃兔肉，宝宝出生后会出现兔唇，这是真的吗？

当然是假的！兔唇≠兔子，和兔子毫无关系。形成兔唇的原因有很多，比如先天性的遗传、孕妇严重缺乏维生素，或者是孕妇在怀孕期间接触了不良的有毒有害物质、孕妇发高烧也有可能使胎儿的生长受到限制。而兔肉营养价值高，富含优质蛋白质和矿物质，是优质蛋白质来源，还可以预防孕期高血压。而且，兔肉中钙元素含量突出，对胎儿牙齿、骨骼的发育有好处。

2. 兔皮可以做皮鞋吗？

公兔的皮板厚实坚韧，母兔皮板轻薄、柔软、富有弹性。兔皮具有最轻的比重、最大的弹性、最好的吸湿性和透气性，是制革行业的上乘原材料。家兔皮经过适当的方法加工处理后，其厚度、强度均能达到 QB 1873—1993 标准中的相关要求，可以制作女、童鞋靴，柔软、轻便，穿着舒适。

第十一章 兔的保健

家兔饲养一般密度大，一旦发生疾病，传染性极强，对于兔场造成的损失往往是巨大而不可挽回的。现代科学养兔的理念是科学饲养和预防疾病。兔的健康已经不再被认为是单一的问题，而是安全生产体系的问题了，如何建立一个有效的兔的生物安全生产体系是本章的重点。有效识别常见兔病的一般症状和治疗方案是本章内容中的难点。

一、兔场安全生产体系

兔场安全生产体系是一个系统工程，主要为了阻断致病病原侵入畜禽机体，进而确保畜禽健康安全和生产性能，保证家兔与环境的和谐发展。主要包括以下内容。

1. 保证家兔健康

安全体系能通过一系列的疫病综合防治方法，如隔离、消毒灭菌、药物防治、疫情监控等方式，减少兔场的病原微生物，保证兔场环境的安全，减少或者杜绝兔群发生疫病，从而保证家兔的健康。

2. 保证家兔生产不对环境造成污染和威胁

在建造兔场时应注意使兔舍位于交通方便、道路宽阔、水源充足、利于排污和进行污水净化、较为偏僻的地区，应远离主干公路、居民区和其他动物养殖场、屠宰加工厂、动物交易市场等。对于兔场日常产生的粪尿、饲料废渣等应处理以后再排放，对病死兔应进行无害化处理，减少病原散播，不能乱扔或给犬、猫吃。在保证家兔日常生产的同时也要避免对环境造成污染和威胁。

3. 保证家兔与其他动物不互相传染疾病

家兔与其他动物之间存在着许多可以相互传染的疾病，如球虫病、细菌性肺炎、巴氏杆菌病等，因此兔场在选择建造地址时应远离其他家畜家禽养殖场，同时做好防鼠防蛇措施（图 11-1），以此来保证家兔不与其他动物互相传染疾病。

图 11-1　通风口密集的铁丝网

4. 保证家兔生产不受环境的不良影响

首先，兔舍应建在远离居民区、交通主干道等人车密集的地方（图 11-2）。兔舍春、夏季要通风遮阴，以降低舍内温度，冬季要保温。最适宜养兔的温度是 15～25℃。兔舍湿度应尽量保持恒定，相对湿度以 40%～70% 为宜。兔舍要适当加大通风（图 11-3 至图 11-5），保证舍内空气新鲜，有效地减少兔呼吸道疾病的发生。兔场应尽量避免在场内、场外发出较大噪声及强光，以免家兔受惊。兔笼应大小适宜（图 11-6），笼底板应平整光洁，缝隙大小合适。

图 11-2　兔舍选址示意图

图 11-3　兔舍通风：纵向排气扇

图 11-4　兔舍通风：窗户打开

图 11-5　兔舍智能通风控制器

图 11-6　兔笼示意图

5. 为人类提供安全的家兔产品

兔场建立生物安全体系，能够减少家兔养殖中的药物使用，避免家兔感染细菌、病毒等，有效避免家兔患上传染病、寄生虫病等，使家兔健康成长，充分发挥家兔的生产性能，生产出数量多、质量优良、安全的家兔产品。

二、兔群安全生产注意事项

1. 兔群控制

（1）自繁自养，慎重引进

兔场应坚持自繁自养，控制好家兔的引进与输出。逐渐淘汰生病的、身体弱小的和带有病菌的兔（图 11-7）。进行品种改良需要引进外来兔时，必须确定兔子的来源，并且做好隔离、消毒、驱虫后才能和本场的兔子进行交配或者混合在一起饲养。

图 11-7　携带病菌的兔

（2）全进全出

全进全出模式就是将年龄一样或者差不多的家兔同时关进、移出一栋（间）兔舍的养殖模式。空的兔舍经过彻底冲洗、消毒净化后适当闲置一段时间后再进行下一批家兔的养殖，这样有助于控制家兔疫病，缩短出栏时间。

（3）严格控制兔用具

对饮水、饲料、药物、添加剂等，进行质量监测和控制，建立用品采购和使用的档案。除了对饲料等的能量、蛋白质等营养成分的检测外，还要定期进行细菌、毒菌和有害物质的检测，保证这些物品的清洁卫生和新鲜度。

（4）日常管理

做到日粮组成的多样化，来增加饲料的适口性，提高饲料的利用率。饲喂要做到定时定量。固定每天的饲喂次数和时间，养成家兔定时采食的习惯，形成条件反射，促进消化液分泌，提高家兔胃肠道的消化能力和饲料的利用率，此外还应注重夜间对家兔补充饲喂。

2. 防疫程序

防疫程序是一项复杂的疾病控制工程，在生产中一定要坚持预防为主、治疗为辅的方针，实施规范化、科学化、制度化的生物安全防控措施。

（1）疫情监测

当地疫病流行情况和兔群监测对生物安全体系的建立尤为重要，可以从当地畜牧兽医部门了解疫病流行情况，也可以委托相关机构、实验室进行兔群的监测。对危害较大的疫病，根据兔场实际情况定期进行监测，有条件的兔场还可以定期对粪便、墙壁灰尘进行微生物培养，检查是否存在病原微生物，并采取针对性的防治措施。

（2）预防接种

家兔疫苗接种（图 11-8）是目前养殖场常用的疫病防控手段，除了控制传染病流行还可以提高母源抗体水平。根据疫情监测、抗体检测水平，以及兔场过往疫病发生情况制定科学合理的程序进行预防接种。

图 11-8　颈部肌肉注射疫苗

（3）药物预防

根据疫病发生规律，在疫病流行季节之前或流行初期，在饲料或饮水中有目的地添加一些药物，最好采用中草药进行预防。

（4）消毒

消毒是综合性防疫措施之一，兔场门口设立消毒池，车辆及人员进出场时必须经过消毒池或消毒通道（图11-9，图11-10）。有条件的还要安装喷淋装置，对过往车辆进行消毒。厂区内设置消毒更衣室，主要对人员进行消毒（图11-11）。定期对兔舍、场地及环境，特别是排水沟等区域进行消毒；定期对兔笼、用具进行消毒（图11-12）；定期对舍内空气喷雾消毒；定期对助产、配种等兽医卫生器械进行消毒。将笼底板用清水清洗干净，再浸泡在5%来苏儿溶液中消毒，放在阳光下曝晒2～4小时后备用。

图11-9　兔场进出口消毒池

图11-10　兔场进出口消毒通道

图11-11　消毒更衣室

图11-12　兔舍消毒

（5）无害化处理

做好无害化处理是兔场生物安全防控措施的重要环节之一。当前对兔粪尿等废弃物处理的方法主要有堆肥化处理和生物能处理。对病死兔，一般采用深埋或焚烧方法进行处理。同时笔者还建议兔场与专业无害化处理工厂建立合作，从根本上解决问题。

三、身体检查

1. 简单检查

（1）精神状态

病兔精神表现多种多样，常见的有低沉郁闷、低头、不动、眼神呆滞、反应迟钝、爱睡觉、卧下不动等。

（2）营养状况

患有慢性病的家兔往往精神状态差，瘦，兔毛没有光泽、粗大并且杂乱（图 11-13）。健康兔精神状态好，眼睛有神，被毛整齐有光泽（图 11-14）。

图 11-13　病兔与健康兔对比——病兔　　　图 11-14　病兔与健康兔对比——健康兔

（3）姿势

家兔生病时会表现出异常的姿势姿态。如呼吸困难、腹痛时，时常不停起立，显得烦躁不安。患皮肤病时，常用爪抓痒、嘴啃或在笼上蹭痒。

（4）皮肤状态

检查兔子是否有兔毛脱落的现象、有没有皮屑、皮毛下面是否存在肿块。皮肤肿胀主要有下列四种。

①气肿：皮肤下充有气体。

②水肿：又叫浮肿，手指按压后，留下的压痕能慢慢复原。

③血肿：是皮肤下的细小血管破裂以后的结果，表现为局部肿大。

④脓肿：主要是细菌的感染或药品刺激的结果，肿胀部位大多发热、疼痛。

（5）可视黏膜的检查

可以被看到的黏膜都叫可视黏膜，包括眼结膜、鼻腔黏膜、口腔黏膜、阴道黏膜，但常用于诊断检查的可视黏膜是眼结膜（图 11-15）。

当发现兔眼睛有水样、黏液样、脓样等分泌物时，表示兔子很有可能生病了。如果兔的眼结膜苍白，可能是长期营养不良或者患有慢性消耗性疾病、寄生虫病等疾病。如果结膜潮红，可能是患上了某些传染病和热性病，如中暑、脑充血等。如果结膜呈蓝紫色，可能是血液里还原血红蛋白太多了，或者是静脉充血量大，而不易回到心脏。如果结膜黄染，说明兔血液中胆色素增多。

图 11-15　兔的眼部分泌物

（6）体温、脉搏及呼吸数的检查

家兔的正常体温是 38.5～39.5℃，超过这个温度就是发热，若体温低于37℃，兔子可能要死了，或者是中毒了。成年兔脉搏为每分钟 80～100 次，幼兔为每分钟 120～140 次，老年兔为每分钟 70～90 次。家兔正常呼吸次数为每分钟 40～60 次，年老的兔子呼吸次数少，幼兔次数多。当家兔呼吸次数增多时，兔子有可能是患上了某些呼吸道疾病；呼吸数减少，则可能是患上了某些中毒病、脑病和产后瘫痪等。

2. 深度检查

（1）呼吸系统

观察呼吸的类型，兔子的呼吸类型分为胸式呼吸、腹式呼吸和胸腹式呼吸。正常情况下为胸腹式呼吸。在腹胀、胃肠鼓气、腹腔积液、腹膜炎的情况下为胸式呼吸。胸膜炎或胸腔积液时表现为腹式呼吸。另外，还要检查家兔是否有呼吸困难、呼吸急促、呼吸性杂音。观察有没有鼻液流出，鼻液一般是水样的、黏液性的或化脓性的（图 11-16，图 11-17）。

图 11-16　兔水样鼻液

图 11-17　兔黏液性鼻液

（2）消化系统

消化系统的检查主要有视诊、触诊、叩诊。视诊是观察兔子想不想吃东西、喝水多少等情况。仔细观察兔子的嘴唇有没有流口水、伤口溃烂以及发炎等症状；观察肛门周围有没有粪便，粪便是什么样子以及排便范围的大小。对腹胀的兔子轻敲其腹部，听一听是什么样的声音，摇晃兔子的身体，通过声音来判断肠道或胃里面东西的状态。从前到后用手轻轻揉敲兔子的腹部，来判断腹腔肠胃里的东西是柔软的、结块的，还是鼓气。

（3）粪便检查

通过粪便检查可发现很有价值的诊断线索。健康兔的粪便是大小基本一致的，粪便表面光滑，没有黏液，也没有特殊的气味（图11-18）。如果粪便呈堆块状、像糨糊一样或者像水一样，就是腹泻；粪便带有黏液，像果冻一样，可能是黏液性肠炎；粪便细小、干硬，可能是便秘；粪便呈三角形，上面还有兔毛，可能是毛球病；粪便呈长条形，带有恶臭的就是伤食；吃什么拉什么是消化不良。

图 11-18　正常的兔粪便

（4）泌尿系统

对尿的观察也很重要，家兔的尿与其他动物相比有所不同，它经常含有大量碳酸钙。因为兔子能有效地吸收钙，将多余的钙从尿中排出，所以在兔舍或笼舍内可见到多余的钙沉淀堆积在笼内或地面。红尿在家兔中常可见到，这是正常现象。当尿中出现血液或脓液时，可能是尿路感染所引起的，如肾炎、输尿管炎等。

（5）神经系统

兔精神兴奋主要表现为狂躁不安、在兔舍内狂奔、咬兔笼、鸣叫等，说明兔脑及脑膜充血、有炎症，或有颅内压升高等病症。兔精神抑制表现为昏昏欲睡，甚至昏迷，不愿走动，待在兔笼一角，多数病兔都表现为精神抑制的症状。由于大脑等神经系统受损，导致共济失调。图 11-19 显示了兔受到惊吓趴地的状态，图 11-20 显示了兔安静睡卧的状态。

图 11-19　兔受到惊吓趴地的状态

图 11-20　兔安静睡卧的状态

四、几种常见病

1. 湿性皮炎

家兔的湿性皮炎（图 11-21）是一种皮肤病，患病以后若不及时治疗会越来越严重，并且会传染。

[病因] 主要是由于家兔下巴、脖颈下的间隙和颈下或其他部位皮肤长期潮湿，滋生细菌导致兔子感染本病。

[症状] 皮肤发生炎症、部分兔毛掉落以及发生溃疡和坏死。病理变化主要表现为感染组织的不规则小片溃疡、脓肿。

2. 溃疡性脚皮炎

溃疡性脚皮炎（图 11-22）主要以家兔后肢跖趾区跖侧面最为常见，前肢掌指区跖侧面有时也有发生。

[病因] 本病的病因是兔脚承受重量大，脚底的毛磨损，足部皮肤受到损伤

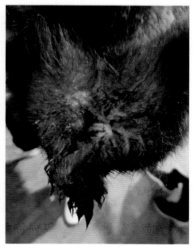

图 11-21　兔湿性皮炎

后引起感染、发炎和组织坏死。笼底潮湿，尤其是笼底积累有尿液、粪便时，则更易发生本病。

[症状] 病变部皮肤内有溃疡区，上面覆有干性痂皮。病变的部位大小不一致，但位置很一致，多数位于后肢跖趾区的跖侧面，偶尔位于前肢掌指区的跖侧面。与发生溃疡的上皮相邻的真皮，可能引发细菌感染，有时会在覆盖溃疡区的痂皮碎片下形成脓肿。

图 11-22　兔溃疡性脚皮炎

3. 结膜炎

兔结膜炎（图 11-23）为眼睑结膜、眼球结膜的炎症，是眼病中最多发的疾病。

图 11-23　兔结膜炎

[病因] 其原因是多方面的，机械性原因有东西掉进眼睛内，眼睑内翻、外翻及倒睫，眼部外伤，寄生虫病等。物理性、化学性原因包括烟、氨、沼气、石灰等的刺激，化学消毒剂及分解产物的刺激，强日光直射，紫外线的刺激，以及高温作用等。也可以是细菌感染引起的。

[症状]（1）黏液性结膜炎：初期结膜轻度潮红、肿胀，分泌物为浆液性并且很少，随着病情加重，分泌物变为黏液性，流出的量也增多，眼睑闭合；

下眼睑及两颊皮肤由于泪水及分泌物的长期刺激而发炎，毛发脱落，皮肤也可能发炎。

（2）化脓性结膜炎：眼睑结膜充血和肿胀，眼睑变厚，兔子会感觉到疼痛，从眼内流出或在结膜囊内蓄积黄白色脓性分泌物，上下眼睑充血、肿胀。

4. 黄尿病

[病因] 幼兔黄尿病多数是幼兔吃了患有乳房炎母兔的乳汁后感染金黄色葡萄球菌而引起的。该病主要发生于还没有睁开眼的幼兔，往往全窝幼兔先后发病。

[症状] 幼兔感染后，昏昏欲睡、四肢发凉。患病幼兔表现为腹部下半部分都呈青紫色，全身发软，后肢及肛门周围污染带有腥味的黄色粪便。

5. 母兔乳房炎

乳房炎（图11-24、图11-25）是生完小兔的母兔常见的一种疾病，轻者影响幼兔吃乳，重者造成母兔乳房坏死或发生败血症而死亡。

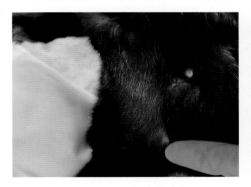 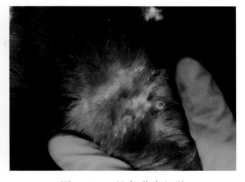

图11-24　母兔乳房肿大　　　　　　图11-25　母兔乳房红肿

[病因] 通常是因产箱、兔笼的铁丝、铁钉等尖锐物损伤乳房的皮肤引起感染；有时因泌乳不足，小兔吮乳时咬破乳头而引起感染；或因母兔分娩前后饲喂大量精料和青料，使乳汁分泌过多，幼兔不能将乳房中的乳汁吸完，引起乳房炎。

[症状] 根据感染的严重程度可以分为以下几个类型。

①败血症型：初期乳房局部红肿，温度升高，变得敏感，该处的皮肤呈蓝紫色，并迅速蔓延至全部乳房；体温升高至40℃以上，精神低沉抑郁，不太想吃东西，经常喝水；通常在2~3天内死于败血症。

②普通型：一般仅局限于一个或数个乳房，患部红肿充血，乳头干燥，皮肤发亮绷紧，触摸感觉温度很高，病兔通常拒绝哺乳。

③化脓型乳房炎：在乳房附近皮下可摸到栗子样的结节，结节软化形成脓肿；患部红肿坚硬，病兔步行困难，拒绝哺乳，精神不好，食欲差，体温可达

40℃以上。

五、你知道吗

1. 家兔具有争斗行为

家兔具有同性好斗的特征，尤其与性行为联系时更为明显。当两只公兔都刚刚配过种时，争斗最激烈。一般两只公兔相遇初始，双方都只是互相嗅闻，接着发生争斗，争斗激烈时，双方都企图攻击对方的要害部位，如睾丸、阴茎，或者咬对方的头部、大腿、臀部，往往咬得头破血流。两只母兔相遇也会发生争斗。所以，在生产或生活中，群养兔时要注意防止发生争斗，最好单笼饲养。

2. 兔子很馋，易患牙病

兔共有 28 颗牙齿，其中包括 6 颗门齿，家兔门齿（图 11-26）有不断生长的特点，需要不断地磨牙，才能保证其具有健康的咀嚼功能，所以，兔表现出对任何东西都要咬一咬，显得兔很嘴馋。兔的磨牙行为使得它容易患牙病。不适当的喂食习惯和缺少牙科体检会使饲养者忽略家兔牙齿的异常生长，甚至部分造成了家兔胃肠不可逆的损伤。不恰当的剪牙方式有可能损伤牙根，造成生长移位。所以，在生产生活中，我们要加强对兔牙齿的护理。

图 11-26　兔门牙过长

第十二章 家兔经营管理与国际贸易

兔场实行科学的经营与管理就要充分分析影响兔场经营的因素，提高经营管理决策能力、关注市场信息，做好科学决策。小兔子有着大产业，发展家兔产业是一条广阔的"路"，需抓住电商平台的机遇，充分运用"互联网＋"等新型电商平台。我国家兔产业化经营要加速"产加销"一条龙的形成，自立自强，才能越来越强。了解我国家兔产业国际贸易的现状有利于更好地发展兔产业。

一、兔场的经营管理要素

1. 了解影响兔场经营的因素

影响养兔企业经营的因素很多，每个环节相互紧密联系（图 12-1）。养兔企业经营者应注意多关注国内外市场各相关生物价格变动幅度和变动趋势。2020 年受新冠肺炎疫情影响，2020 年上半年兔肉产量下降，下半年以来，随着疫情影响减弱，兔肉生产又恢复。受兔肉等兔产品价格较高影响，2020 年我国兔业产值为 278.22 亿元，比 2019 年增长 4.55%，兔业产值在畜牧业产值中的占比达 0.92%。一些临时的或短期的政策法规可能会对养兔企业产生较大的影响。

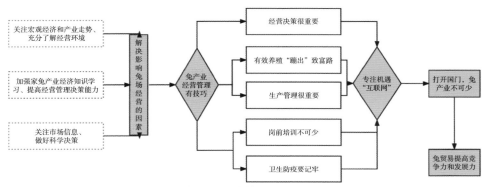

图 12-1 兔产业经营管理和国际贸易环节

2. 关注宏观经济和产业走势，充分了解经营环境

武拉平（2015）报道了兔的贸易状况，我国家兔产品（包括兔肉、兔皮和兔毛）的外向型程度较高，特别是兔皮。2007 年经济危机以来，我国獭兔皮市场受出口萎缩等的影响，一直不景气，直到 2013 年才有所恢复。另外，兔皮市场又受到整个皮草市场（包括貂皮、狐狸皮等）的影响。从总量上来看，兔产业在畜牧业中的比重还比较小。以兔肉产量为例，从图 12-2 中也可以看到，我国兔产业快速发展主要始于 20 世纪 80 年代中期。关注宏观经济和产业走势可为兔养殖场的长期健康发展提供重要参考。

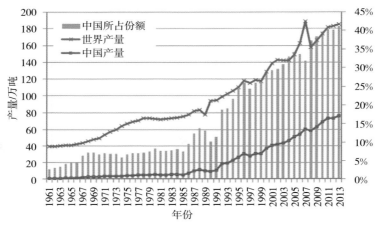

图 12-2　1961—2013 年中国和世界兔肉产量

3. 加强家兔产业经济的知识学习，提高经营决策能力

家兔产业虽然在整个畜牧业中规模不大，但其涉及的内容实际上是很多方面的。从产品角度来看，有肉兔、皮兔（獭兔）和毛兔，究竟要养哪种家兔，这是决策中面临的首要问题。另外，从产业链环节来看，有种兔、饲料、兽药、机械、养殖技术、销售和加工等，对哪个环节关注不到都可能导致经营的亏损。

4. 关注市场信息，做好科学决策

兔场的决策完全是由市场决定的，如养殖什么品种、什么时候养或什么时候调整规模、养多少、卖到什么地方等。相关市场信息主要包括：兔饲料和其他投入品的行情及其走势、活兔及兔产品价格及走势、兔产品加工企业的情况、兔产品的消费情况等。武拉平（2020）报道了兔的国际市场发展情况，提出目前国际市场对国内兔业的冲击不是很大，因而中国兔产业的发展首先要基于国内的资源情况和比较优势，同时也要借鉴发达国家的经验，而清晰制定产业布局要与各地的资源优势和产业发展的传统等分类结合（表 12-1）。

表 12-1　兔产业区域布局及分类发展策略

分类	名称	主要省份	发展重点
I	高类地区（9省份）	四川、山东、河南、重庆、福建、江苏、浙江、河北、吉林	产业的升级，规模化标准化养殖，加工和品牌营销
II	中类地区（8省份）	内蒙古、山西、湖南、江西、安徽、湖北、陕西、辽宁	中小规模和大规模养殖"双规并行"，突出对中小规格兔场的扶持
III	低类地区（13省份）	贵州、云南、青海、甘肃、广西、黑龙江、广东、西藏、新疆、海南、上海、北京、天津	多数省份不具备优势，但一些西北和西南地区的省份家兔养殖潜力巨大

二、兔的经营管理路径

1. 公司＋农户的养殖方式

规模上万只甚至几十万只的龙头企业可以联结千家万户的养兔户，负责提供优质生产服务，解决兔农的种兔、技术、防疫、产品销售等问题，养兔户自行生产，负盈亏。这类模式中的养兔户生产比较稳定，风险较小，效益明显，是今后发展的方向。

2. 专业户及家庭养兔

家庭养兔除少数自己留种外，大多为社会提供商品，因饲养规模、技术上的差别，产生的效益也不同，一般规模饲养比散户饲养效益高1倍以上。在养兔生产中，应根据自身的实际情况，来选择适宜的饲养规模和饲养方式，才能达到好的效果。

3. 重视生产管理

管理是适应生产需要而产生的，经营借助于管理来实现，离开了管理，经营活动就会产生紊乱，因此，生产管理是为实现经营目标在生产上所采取的措施，生产管理是否科学直接关系到养兔的经济效益。

4. 生产指挥系统

办好一个规模型兔场，得靠一个强有力的生产指挥系统，加强生产组织，建立起良好的生产指挥秩序。对职工进行业务考核，按照职工的考核成绩，确定劳动报酬，做到按劳分配，多劳多得，有奖有罚，千方百计调动职工养兔生产的积极性，压缩非生产人员配制，提高生产水平和劳动效率，增加经济效益。

5. 岗前培训

饲养人员是养兔生产的主体，是起决定因素的，因此要提高他们的业务素质，要求每个生产人员掌握一般的科学养兔知识，了解兔的生物学特性、各个生长、发育阶段的营养需要和我们所采取的饲养管理措施，从而使他们自觉遵守饲养管理操作规程，达到科学养兔的目的。

6. 健全日常管理中的各项章程

严格的场规、场纪是办好兔场的保证，每个兔场必须建立和健全各种规章制度。包括职工守则、出勤考核、水电维持保养规程、饲养管理操作、防疫卫生、仓库管理、安全保卫等各项章程，使全场每个部门每个人都有章可循，照章办事。

7. 制定可行的卫生防疫制度

为使兔场生产、繁育工作按计划顺利进行，必须确保卫生防疫工作的正常开展，卫生防疫工作是生产管理中必不可少的一项重要组成部分。如人员和车辆进出场制度，兔笼、兔舍、用具和场地定期消毒、卫生制度，消毒池和消毒用品管理，兔场免疫规程，引种入场检疫制度，病兔隔离和死兔处理制度等。

8. 重视产品营销

家兔产品营销，就是把生产出来的家兔产品，包括种兔、兔毛、兔皮、兔肉以及其他可以利用的东西，通过一定的渠道销售出去，以获取应有的经济效益。开展兔产品营销，一切要以满足市场消费需要为依据，以获得最佳经济效益为目的。在多年的供给侧结构性改革和无抗养殖、新冠肺炎疫情等多重影响下，我国兔产业实现了较好的升级转型，整个兔产业的韧性增强。从肉兔产业指数来看，肉兔产业呈现波动增长（图 12-3）。

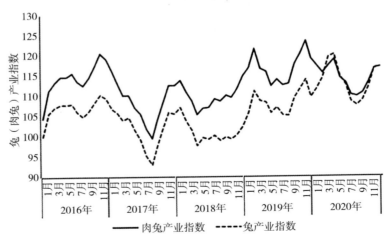

图 12-3　2016—2020 年中国肉兔产业指数及兔产业指数变化情况

9. 抓住电商时代的机遇——"互联网＋兔业"

互联网农业是一个价值十万亿的新产业，被号称为互联网产业的最后一片蓝海。"互联网＋"与农牧业深度融合，将会实现从传统农业到智能化农业的生产力革命。同样，"互联网＋兔业"也可通过互联网技术的应用，从生产、经营、销售等各个环节，彻底升级传统的家兔产业链，发展成为新型互联网兔业。重要的是互联网电子商务交易渠道可以从根本上改变生产和销售的关系，运用大数据分析定位消费者的需求，按照消费者的需求去组织产品的生产和销售，从而实现产品的精确化生产和销售方面零库存。

浙江一个獭兔场在淘宝电商平台上注册了店铺，改变传统销售模式，将兔肉产品大量销往庞大的宠物消费群体中去，在宠物生鲜主粮领域开辟出一片新天地，销售额的年增长迅速。充分利用"互联网＋"拓展兔肉产品进入宠物食品消费领域，对推动我国家兔产业可持续发展具有重要现实意义。

10. 紧跟时代潮流的加工和营销系统

随着时代的进步，在兔产业的发展过程中要逐步完善产品的加工和营销系统。按照大众的喜爱去生产兔加工产品，在此基础上，兔加工产业的销售发生相应的改变，迎合了大众的消费观念，产量也会逐步上升。

11. 重视饲养效率和品质

武拉平等（2020）报道了兔的养殖发展变化情况。2018 年 8 月非洲猪瘟暴发，我国兔产业在"量"出现一定下滑的情况下，"质"则在不断提高（图12-4、图12-5）。大量分散的小规模养殖户逐步退出家兔养殖业，相反，一些大中型兔场则不断涌现，生产结构出现了科学性的调整；另一方面，随着大中型兔场的不断出现，我国兔业的科技含量和抗风险能力也在不断提高。

图 12-4　2011—2018 年我国兔肉产量

图 12-5　2011—2018 年我国兔出栏量变化

12. 敢于探索养殖新模式

发展循环养兔，经济效益、社会效益和生态效益兼顾的这一模式在多个地区得到推广，最具代表性的有山东蒙阴县长毛兔养殖和山西高平市南阳兔业的獭兔养殖。在近 30 年的养兔业发展过程中，探索出了一条长毛兔养殖和果树种植有机结合的"兔-沼-果"模式。广大农民依靠人均两亩果树、十只兔走上了致富的道路。在庭院养殖中，实现了长毛兔养殖-沼气池建设-桃树（苹果树）种植相结合，兔粪通过沼气池发酵产生沼气，既解决了兔粪对环境的污染，又可将沼气用来做饭，同时将沼液作为肥料施用到果树上，又大大提高了果品的质量，使"蒙阴蜜桃"这一国家地理标志产品受到更多消费者的青睐。在非庭院养殖中，将兔粪直接施用于果树，这一具有长期效果的有机肥能够保证果树在较长时期内均匀地获取到所需的营养。

三、国际贸易

1. 兔产业国际贸易的主要内容

武拉平（2019，2020，2021）介绍了全球兔产品的贸易情况，提出全球兔产品的贸易包含活兔和兔肉，但是以兔肉贸易为主。2016 年全球兔肉贸易量下降，兔肉贸易量占产量比重为 2.54%，可见兔肉消费以国内消费为主。活兔和兔肉贸易活跃的国家主要集中在欧洲，各国的兔产品主要以国内消费为主，进出口比重很小。随着时间的变化，我国的兔肉出口国还比较集中，而且各贸易伙伴的份额较均匀。近年来受国际市场需求疲软的影响，我国兔产品贸易都有所萎缩，但 2017 年兔肉出口有所恢复。我国兔肉的主要出口目的地为比利时、德国、美国、捷克和俄罗斯，出口量和出口额的占比如图 12-6 所示。

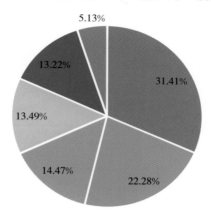

■ 比利时　■ 德国　■ 美国　■ 捷克　■ 俄罗斯　■ 其他国家

图 12-6　2017 年我国兔肉出口情况

从兔毛和兔皮贸易来看，自 2013 年以来，受"手拔毛"事件的影响，目前已有 70 多个国际服装品牌和公司停止使用中国的安哥拉兔毛，导致近年来我国兔毛出口量连续大幅度下降，并且 2017 年和 2018 年兔毛的出口量降幅在逐渐扩大。但总体来说，兔毛在国际贸易中有举足轻重的地位，兔毛出口量和在世界贸易中的比例都是不断增长的。

兔毛制品（HS 编码 61101920，包括兔毛制针织钩编套头衫、开襟衫、外穿背心等）和兔皮贸易则主要是以进口整张兔皮（HS 编码 43018010）为主，同时出口少量未缝制的整张兔皮（HS 编码 43021920）。

2017 年我国兔产品出口量有增有减，主要原因是国际经济虽处恢复时期，但仍未完全恢复，同时也因为我国国内需求量持续上升，弥补了国外需求的疲软。而 2018 年国际经济出现好转，兔肉、未缝制整张兔皮的出口量有所上涨，但兔毛和兔毛制品的出口量仍然继续下滑。长期以来，我国兔产品的贸易格局是兔肉主要为出口，基本没有进口。兔皮则主要为进口，出口很少。兔毛主要为出口，但出口量在过去十年呈直线下降趋势（图 12-7）。

2. 积极应对兔业贸易壁垒

自从欧盟官方公报发布从 2002 年 1 月 31 日起禁止从中国进口供人类消费或用作动物饲料的动物源性产品，便引发了欧盟全面对我国动物源性产品进行"封关"的禁令，这给我国的外贸出口造成较大的负面影响。面对欧盟的"封关"，政府、企业、行业组织协同努力，积极反映贸易壁垒信息，提交对国外贸易管理措施的评估意见和应对建议，组团游说国外政府或机构，同时加强行业

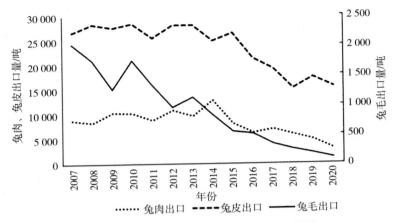

图 12-7　2007—2020 年中国兔产品出口情况

自律，建立共同交涉机制，加强行业内部建设，提高产品竞争力。经过各方的共同努力，欧盟于 2004 年 7 月 16 日结束了对我国肉兔出口近 3 年的"封关"。

3. 我国兔业国际贸易历程

我国是养兔大国，兔肉产品在世界贸易中占有重要地位，且我国兔肉基本上没有进口。1961—1968 年是我国兔肉出口量份额迅速提升的 8 年。到 1984 年，在近 20 年的时间里，随着国际兔肉出口量的上升，我国兔肉出口量份额基本稳定在 50%～65% 之间。1984—1991 年，我国兔肉出口量所占份额持续下滑，到 1991 年已跌至 24% 的谷底，而国际兔肉贸易量也出现萎缩。1992—2001 年，我国兔肉出口量与世界出口量保持了相同的变化趋势，显示出"彼升我升、彼降我降"的规律。2002 年，由于欧盟以食品安全为由暂停进口所有中国动物源性产品，致使我国兔肉出口量急剧萎缩。2003 年兔肉出口量仅为 4 426 吨，占世界出口量的 13.5%。2004 年 7 月 16 日，欧盟宣布解除对我国除家禽以外其余动物源产品的进口禁令，兔肉出口量得以快速提升。2003—2006 年，兔业出口量的年均增长速度较快。2007 年发生的世界范围内金融危机导致消费需求下降，兔肉、兔皮和兔毛出口量和进口量均出现萎缩。因此，善于分析国际形势、积极应对各类不利因素、提升自我价值和品质才是兔业贸易史教给我们最大的道理。

4. 国际竞争力和未来发展

武拉平（2020，2021）指出，通过国际市场占有率、贸易竞争力指数、比较优势指数、行业内贸易指数，衡量我国兔业的国际竞争力，从成本、价格和市场需求的角度分析了影响兔产业国际竞争力的因素，发现我国兔业国际市场占有率高，贸易竞争力指数表现良好，显示性比较优势指数（RCA）处于末位。运用要素分析方法，将三项指标纳入国际竞争力综合指标，我国兔业在

21世纪初上市表现良好，我国兔业贸易指数逐年上升，产业内贸易程度越来越高。同时也要关注不利因素，如我国在饲料成本方面处于劣势，国内对兔产品的需求量不足，不利于兔产业的国际竞争力。因此未来我国兔业发展要注意生产标准化、优化产业结构、促进兔产业升级、积极开拓兔产品市场。

四、你知道吗？

1. 兔子被选为实验动物的原因

兔的体形小、性情温顺，易于操作，且养殖兔成本低。兔体对致热物质反应敏感，拥有和人类相对接近的基因和类似的生理心理构成；基因组相对简单，且有较多培育的近交品系；耳朵大、血管清晰，易于采血和注射。

2. 西安诞生转人类基因家兔

2009年西安交通大学成功培育了过表达载脂蛋白 C-Ⅲ（$apoC-Ⅲ$）和核受体转录辅助活化因子1（$PGC-1$）两个基因的转基因家兔模型，其最大的特点是血脂代谢异常，标志着我国在利用转基因家兔模型研究人类心血管疾病方面进入实质性应用阶段。这是世界上首批高甘油三酯的转基因家兔，血脂是正常家兔的5～6倍。且这些兔对胆固醇饲料敏感，容易形成动脉粥样硬化病变，它们的脂质代谢与人类相似，是理想的心脑血管疾病模型，非常有利于研制出更有效的心脑血管疾病药物。

参 考 文 献

陈宁宁，2014. 肉兔标准化生产技术［M］. 石家庄：河北科学技术出版社.

高淑霞，2017. 肉兔标准化养殖技术［M］. 北京：中国科学技术出版社.

谷子林，秦应和，任克良，2013. 中国养兔学［M］. 北京：中国农业出版社.

李福昌，2016. 兔生产学（第二版）［M］. 北京：中国农业出版社.

李健，李梦云，杨帆，2015. 兔解剖组织彩色图谱［M］. 北京：化学工业出版社.

刘亚娟，谷子林，2017. 肉兔科学养殖技术［M］. 北京：中国科学技术出版社.

吕见涛，2018. 长毛兔养殖技术［M］. 北京：中国农业科学技术出版社.

王太一，韩子玉，2000. 实验动物解剖图谱［M］. 沈阳：辽宁美术出版社.

武拉平，颉国忠，秦应和，等，2020. "十三五"以来中国兔产业发展报告（一）（2016 年—2019 年）［J］. 中国养兔杂志（06）：17-23，27.

武拉平，秦应和，2021. 2020 年我国兔业生产概况及 2021 年发展形势展望［J］. 中国畜牧杂志，57（03）：258-262.

武拉平，2020. 从全球兔肉版图看中国位势［N］. 中国畜牧兽医报，2020-05-17（007）.

徐姗妮，2017. 论历代花鸟画中"兔题材"的绘画技法及造境［D］. 杭州：中国美术学院.

Antonella Dalle Zotte，Zsolt Szendrö，2011. The role of rabbit meat as functional food［J］. Meat Science，88，319-331.

Irving-Pease，Evan K，Frantz，et al，2018. Rabbits and the Specious Origins of Domestication［J］. Trends in Ecology & Evolution，33：149-152.

Robert J. Asher，Jin Meng，John R. Wible，et al，2005. Stem Lagomorpha and the Antiquity of Glires［J］. Science，307：1091-1094.